ACCADEMIA NAZIONALE VIRGILIANA
DI SCIENZE LETTERE E ARTI

Ledo Stefanini – Emanuele Goldoni

LA «CONTRADDIZIONE FRA CALCOLO E RAGIONAMENTO»: UN DIBATTITO DI FINE '700 SUL RUOLO DEL CALCOLO INFINITESIMALE NELLE SCIENZE

Supplemento a «ATTI E MEMORIE» Volume LXXXIV (2016)

MANTOVA 2018

PROPRIETÀ LETTERARIA
L'Accademia lascia agli Autori ogni responsabilità
delle opinioni e dei fatti esposti nei loro scritti

ISBN 978-1541055261

LEDO STEFANINI - EMANUELE GOLDONI

LA «CONTRADDIZIONE FRA CALCOLO E RAGIONAMENTO»: UN DIBATTITO DI FINE '700 SUL RUOLO DEL CALCOLO INFINITESIMALE NELLE SCIENZE

Vi è un'arte di render difficile ciò che è facile e non mancano de' Geometri, i quali conoscono mirabilmente quest'arte.
G. Fontana

IL DIBATTITO DI FINE '700 SUL RUOLO DELLE MATEMATICHE NELLE SCIENZE NATURALI

Solamente trent'anni separano la terza e definitiva edizione dei *Philosophiae Naturalis Principia Mathematica* di Newton (1720) dalla pubblicazione del primo volume dell'*Encyclopédie* di Diderot e D'Alembert, segno di una rivoluzione epistemologica che riguardava il ruolo e le forme dell'applicazione delle matematiche nelle scienze naturali. Una rivoluzione ormai compiuta e che aveva invaso anche territori dello scibile che non erano di sua competenza, come testimoniano le riflessioni inserite dallo stesso D'Alembert nel *Discours préliminaire*:

> Occorre riconoscere che i Geometri abusano talvolta nell'applicazione dell'Algebra alla Fisica. Al posto di esperienze da servire come base per i loro calcoli, mettono le ipotesi più comode per sostenere le loro verità, ma spesso molto lontane da ciò che vi è realmente nella Natura. Si è voluto ridurre a calcolo perfino l'arte di guarire; e il corpo umano, una macchina così complessa, è stata trattata dai nostri Medici algebristi come se fosse la macchina più semplice o la più facile da smontare. È singolare vedere questi Autori risolvere con un tratto di penna dei problemi di Idraulica e di Statica capaci di coinvolgere per tutta la vita i Geometri più grandi. Noi, più saggi o più timidi, accontentiamoci di guardare alla maggior parte di questi calcoli e a queste vaghe supposizioni come a dei giochi di spirito ai quali la Natura non è tenuta a sottomettersi; e concludiamo che la sola vera maniera di filosofare in Fisica consiste o nell'applicazione dell'analisi matematica alle esperienze, o nella mera osservazione, guidata dallo spirito del metodo, talvolta con l'ausilio di congetture nei casi in cui possono fornire delle interpretazioni; ma severamente ripulite da tutte le ipotesi arbitrarie.[1]

Come testimoniano le *Lettres anglaises* di Voltaire (1734), la «filosofia newtoniana» sul continente fu recisamente contrastata per i suoi contenuti; ma anche per la forma della sua esposizione e la sua diffusione avvenne solo al prezzo di radicali mutamenti. Uno dei principali ostacoli al recepimento della meccanica newtoniana era rappresentato dal linguaggio matematico adottato, che si rifaceva ai grandi modelli della geometria classica, escludendo il calcolo differenziale e integrale, a dispetto del fatto che lo stesso Newton ne rivendicasse la paternità. Ma

---

[1] J. L. R. D'ALEMBERT, *Discours préliminaire*, in *Encyclopédie*, Tome premier, Paris, 1751, p. VII.

aveva affermato la sua predilezione per il nitore della geometria classica in termini inequivocabili:

> In verità il metodo degli antichi è molto più elegante rispetto a quello cartesiano. Perché Descartes ha raggiunto i suoi risultati per mezzo di un calcolo algebrico che, se trasposto in parole (seguendo la pratica degli antichi nei loro scritti), si dimostrerebbe così tedioso e intricato da provocare la nausea. Ma essi raggiungevano [i risultati] per mezzo di alcune semplici proposizioni, giudicando che niente scritto in uno stile differente fosse degno di essere pubblicato, e di conseguenza nascondevano l'analisi per mezzo della quale avevano trovato le loro costruzioni.[2]

Il prezzo che il paradigma newtoniano dovette pagare alla diffusione sul Continente, fu la sua riformulazione nei termini del linguaggio dell'analisi infinitesimale con il simbolismo di Leibniz. Fra i primi a dedicarsi a questo esercizio di traduzione dalla geometria al calcolo furono Pierre Varignon che in numerose dissertazioni pubblicate nei «Mémoires de l'Académie Royale des Sciences» di Parigi, affrontò gli stessi temi di Newton sulla base del calcolo di Leibniz, e Jakob Hermann, autore di un trattato che godette di grande prestigio.[3]

Fu tuttavia Leonhard Euler (1707-1783), a portare a perfezione la trattazione analitica della dinamica newtoniana, mediante la creazione di uno strumento matematico che rappresenta un radicale superamento di quello elaborato da Newton e Leibniz. È pertanto legittimo asserire che è con Eulero che nasce la meccanica che oggi chiamiamo «classica», che non potrebbe sussistere senza il sostegno del linguaggio matematico del calcolo.

Lo dichiara apertamente già all'inizio della prefazione alla *Mechanica* del 1736:

> Ma in tutte le trattazioni realizzate senza l'analisi, e sono la maggior parte di quelle di Meccanica, è difficile per il lettore convincersi della verità delle proposizioni enunciate, in quanto non è possibile senza l'analisi seguire con sufficiente chiarezza e distinzione queste proposizioni e inoltre le stesse questioni, se cambiate di poco, non risultano più risolubili con il metodo indi-

---

[2] I. NEWTON, *The mathematical papers*, a cura di D.T. Whiteside, vol. IV, Cambridge, Cambridge University Press, 2008, p. 277.
[3] J. HERMANN, *Phoronomia, sive De viribus et motibus corporum solidorum et fluidorum libri duo*, Amsterdam, Apud Rodh & Gerh. Wetstenios, 1716.

cato, a meno che non si usi l'analisi, e le stesse proposizioni non siamo formulate in termini analitici. Così ho sempre incontrato le stesse difficoltà quando ho provato a studiare i *Principia* di Newton o la *Phoronomia* di Herrmann, derivanti dal fatto che se mi sembra di aver sufficientemente compreso la soluzione di un problema, operando un piccolo cambiamento, mi accade di non essere più in grado di risolvere il nuovo usando lo stesso metodo. Così ho cercato a lungo di usare il vecchio metodo sintetico per dimostrare le stesse proposizioni che si ricavano più rapidamente mediante il mio metodo analitico, cosicché, lavorando con questo metodo, ho ottenuto un notevole progresso nella comprensione.[4]

In sostanza, Eulero rimproverava alla geometria di Newton mancanza di generalità e di versatilità; diversamente dall'analisi che forniva metodi generali adattabili ad una grande quantità di problemi diversi. A partire da Eulero, un grande lavoro di critica e di rielaborazione dell'opera di Newton portò ad una meccanica del tutto nuova, cosicché, a iniziare dalla metà del secolo, la meccanica e la teoria della gravitazione newtoniane assunsero una forma radicalmente nuova, rispetto a quella che Newton le aveva dato nelle varie edizioni dei *Principia*. Ai grandi sviluppi della meccanica celeste in particolare e della meccanica analitica in generale furono essenziali strumenti analitici non solo ignoti ai padri fondatori Newton e Leibniz, ma anche a gran parte dei matematici dei primi decenni del settecento e ci riferiamo in particolare alle equazioni alle derivate parziali e al calcolo delle variazioni, anch'esse dovute al genio di Eulero. Nella seconda metà del secolo, si affiancarono ad Eulero i grandi analisti della scuola francese Clairaut, D'Alembert, Lagrange e Laplace che portarono a soluzione grandi problemi lasciati aperti da Newton, come la teoria dei moti lunari e quella delle perturbazioni planetarie e che diedero importanti frutti anche nei secoli successivi. Paradossalmente, furono questi successi, ottenuti grazie agli strumenti analitici derivanti infine dalla lezione di Leibniz, che determinarono l'accettazione della teoria della gravitazione di Newton, cosicché fu l'efficacia dei metodi analitici che vinse le forti resistenze di natura filosofica sull'attrazione gravitazionale. Nei primi decenni del settecento la teoria di Newton aveva prodotto una doppia frattura nel tessuto culturale europeo. La prima era quella cui abbiamo fatto cenno, di natura filosofica, tra i sostenitori di Newton e coloro che respingevano la teoria gravitazionale come una surrettizia

---

[4] L. EULER, *Prefatio*, in *Mechanica sive motus scientia analytice exposita*, Pietroburgo, ex typographia Academiae Scientiarum, 1736.

introduzione di qualità occulte nella filosofia della natura (tesi sostenuta da Leibniz); la seconda fra i matematici, in possesso degli strumenti atti alla comprensione dei *Principia*, e i «letterati» in genere.[5]

Verso la metà del secolo, quando, grazie all'apporto dei matematici che abbiamo ricordato, la meccanica di Newton – salvo alcune sacche di resistenza alimentata da studiosi di scuola gesuitica che rivendicano la competenza dei filosofi anche in materia di filosofia della natura – aveva ormai colonizzato gli studi di fisica anche sul continente, si manifestò una nuova faglia all'interno della comunità degli stessi studiosi di fisica. La questione nasceva dal fatto che molti studiosi di filosofia naturale avevano cominciato ad attribuire una sorta di potere conoscitivo ai metodi matematici e cercavano di applicarli in ambiti scientifici impossibili da formalizzare, o che non lo erano ancora. Abbiamo già ricordato che D'Alembert, uno dei protagonisti del rinnovamento della meccanica, fu tra i primi a segnalare che vi fossero (e vi siano) limiti all'applicazione della matematica nell'indagine scientifica. Nello stesso *Discorso preliminare* dell'*Encyclopédie* proponeva anche un'analisi più puntuale:

> Inoltre vi è nella luce che queste scienze portano al nostro spirito una sorta di gradazione e, per così dire, di sfumatura da osservare. Più esteso è l'oggetto di cui si occupano e più generale e astratta la visione che ne hanno, più i loro principi sono esenti da ombre; è per tale ragione che la geometria è più semplice della meccanica, e l'una e l'altra meno semplici dell'algebra. Un paradosso che non apparirà tale per coloro che hanno studiato queste scienze dal punto di vista filosofico; le nozioni più astratte, quelle che l'uomo comune considera più inaccessibili, sono spesso quelle che portano con sé una luce più grande: l'oscurità si impadronisce delle nostre idee mano a mano che in un corpo prendiamo in considerazione un maggior numero di proprietà sensibili. L'impenetrabilità, aggiunta all'idea dell'estensione, ci appare come un mistero in più, la natura del moto è un enigma per i filosofi, il principio metafisico delle leggi dell'urto non è per loro meno misterioso; in una parola, più approfondiscono l'idea che si formano della materia e delle proprietà che la descrivono, più questa idea si oscura e sembra loro sfuggire.[6]

---

[5] A questo proposito non sarà superfluo ricordare che alla diffusione del pensiero newtoniano sul continente diedero un importante contributo le opere divulgative di VOLTAIRE (*Éléments de la philosophie de Newton mis à la portée de tout le mond*, Amsterdam, 1738) e F. ALGAROTTI (*Il newtonianismo per le dame*, Napoli, 1737), ambedue letterati.
[6] D'ALEMBERT, *Discours*, cit., p. VIII.

Anche Denis Diderot, uno dei protagonisti del movimento illuministico che si era raccolto intorno al grande progetto dell' *Encyclopédie*, pochi anni dopo, aveva ammonito contro gli eccessi della matematizzazione nelle scienze:

> Una delle verità che sono state annunciate ai nostri giorni con maggior coraggio e forza, e che un buon fisico non perderà di vista, e che avrà certamente le conseguenze più vantaggiose, è che la regione delle Matematiche è un Mondo intellettuale, dove ciò che si prende per verità rigorose perde assolutamente questo vantaggio quando lo si porta sulla nostra terra. Se ne è concluso che spetta alla filosofia naturale rettificare i calcoli della geometria e questa conseguenza è stata ammessa anche dai geometri. Ma a che fine correggere il calcolo mediante l'esperienza? Non si farebbe prima a mantenersi ai risultati di questa? Da ciò si vede che le matematiche, trascendenti rispetto a tutto, non conducono a niente di preciso, senza l'esperienza; che sono una sorta di metafisica generale nella quale i corpi sono spogliati delle loro qualità individuali e che resterebbe almeno da fare una grande opera che si potrebbe chiamare *Applicazione dell'esperienza alla geometria*, ovvero *Trattato dell'aberrazione delle misure*.[7]

Consapevolezza dei rischi connessi con un uso non congruo della matematica nelle scienze naturali era stata manifestata anche dal grande Buffon nel primo dei 36 volumi della sua ciclopica *Histoire naturelle*:

> Mi è anche sempre parso che si commettesse una sorta di abuso nel modo in cui si professa la Fisica sperimentale, non essendo affatto il fine di questa scienza quello che le si prepara. La dimostrazione degli effetti meccanici, come della potenza delle leve, delle pulegge, dell'equilibrio dei solidi e dei fluidi, dell'effetto dei piani inclinati, di quello delle forze centrifughe ecc. appartengono interamente alle Matematiche, e possono essere del tutto soddisfacenti agli occhi dello spirito con estrema evidenza, mi pare superfluo di rappresentarla a quelli del corpo; il vero scopo è, al contrario, di fare esperienze su tutte le cose che non possiamo misurare attraverso il calcolo, su tutti gli effetti di cui non conosciamo ancora le cause, e su tutte le proprietà delle quali ignoriamo le circostanze, solo questo ci può portare a nuove scoperte; invece la dimostrazione degli effetti matematici non ci insegnerà mai se non ciò che sappiamo già.
>
> Ma questo abuso non è niente in confronto agli inconvenienti nei quali si cade allorché si vogliano applicare la Geometria e il calcolo a dei problemi di Fisica troppo complessi, di cui non si conoscono abbastanza le proprietà da poterli misurare; in tutti questi casi si è obbligati a fare delle supposizioni sempre contrarie alla Natura, a spogliare il problema della maggior parte

---

[7] D. DIDEROT, *Pensées sur l'interpretation de la Nature*, Amsterdam, 1754, p. 25.

delle sue qualità, di farne un essere astratto che non somiglia più a quello reale, e dopo aver molto ragionato e calcolato sui rapporti e le proprietà di questo essere astratto, ed essere arrivati ad una conclusione altrettanto astratta, si crede di aver trovato qualcosa di reale, e si trasferisce questo risultato ideale nel soggetto reale, il che produce una infinità di false conseguenze e di errori [...].

Allorché i problemi sono troppo complessi perché vi si possa applicare vantaggiosamente il calcolo e le misure, come sono quasi tutte quelle della Storia Naturale e della Fisica particolare, mi sembra che il vero metodo da seguire in queste ricerche sia di fare ricorso alle osservazioni, di raccoglierle, e farne di nuove, e in gran numero, per avere la sicurezza dei fatti principali, e di applicare il metodo matematico solo per stimare le probabilità delle conseguenze che si possono dedurre da quei fatti; soprattutto bisogna evitare di generalizzarli e distinguere bene quelli che sono essenziali da quelli che non lo sono.[8]

E anche il matematico Gregorio Fontana, membro della mantovana Reale Accademia, aveva sviluppato alcune epistemologiche «riflessioni intorno all'applicazione delle matematiche alla fisica»[9], in una dissertazione di pochi anni prima, che riportiamo nella seconda parte di questo saggio. Riflessioni accennate anche nella parte finale della *Dissertazione* con cui vinse nel 1774 il concorso bandito dalla Reale Accademia di Mantova.[10]

Consapevolezza del problema venne manifestata anche da Juan Andrès nel quarto volume della sua *Storia universale di ogni letteratura*, dove avverte:

Il prurito di far pompa di calcolo più che il desiderio di stabilire la verità determina spesse volte i geometri nella scelta de' principj, senza curarsi prima di esaminarli, e riconoscerne l'opportunità, quasicché dovesse la geometria comandare alla fisica, e non anzi servirla, e prestarsi ubbidiente alle sue disquisizioni. Si cerchino adunque principj veri e sicuri, semplici e fecondi, sbandincasi ogni supposizione per quanto possa parere naturale ed

---

[8] G-L. L. BUFFON, Conte di, *Histoire naturelle, générale et particulière*, tome 1, 1774, pp. 60 – 61.
[9] G. FONTANA, *Delle altezze barometriche, e di alcuni insigni paradossi relativi alle medesime: saggio analitico con alcune riflessioni preliminari intorno all'applicazione delle matematiche alla fisica*, Pavia, Giuseppe Bolzani Impressore della Regia Città, 1771, pp. 11 – 12.
[10] ID., *Dissertazione Idrodinamica sopra il quesito «Cercar la cagione ecc.» presentata al concorso dell'anno 1774 dal P. Don Greg. Fontana e coronata dalla Reale Accademia di Scienze e Belle Lettere di Mantova, con un'appendice sopra il moto ne' mezzi resistenti*, Mantova, Erede Pazzoni, 1775.

evidente, e diensi allora equazioni e formole, che conducano a risultati non ismentiti dalla natura e da' fatti.[11]

Il tema messo a concorso dalla Reale Accademia di Mantova nell'anno 1788, e poi riproposto nel 1790, «Se vi sia qualche eccesso nell'uso, che suol farsi del calcolo, quali sieno di ciò le cagioni, quai danni ne possano venire, e quali regole v'abbiano per stabilirne i giusti confini.» si presta a due diverse interpretazioni. La prima deriva dal confronto con il tema assegnato due anni prima, enunciato nei termini:

> I. Esprimere l'immediata connessione, che i principi introdotti nella meccanica sublime, come quelli di Maupertuis, d'Ugenio, e di d'Alembert, hanno co' principj della meccanica elementare: cioè colle formole Galileiane.
>
> II. Con opportune applicazioni far vedere, che la meccanica senza que' nuovi principj può facilmente procedere alla soluzione di que' sublimi problemi, che per mezzo loro furono sciolti, o si possono sciogliere.

Si coglie in quest'ultimo enunciato una più manifesta dichiarazione contraria alle nuove meccaniche analitiche che, grazie alle opere dei grandi analisti francesi e svizzeri, avevano ormai manifestato la loro superiorità nei confronti delle meccaniche di inizio secolo, legate ad un linguaggio matematico di respiro molto più limitato. La seconda interpretazione, più benevola, sarebbe quella che mette in relazione il tema con la visione epistemologica esposta da D'Alembert nel «Discorso preliminare» e da Buffon nel primo volume della sua *Histoire naturelle*, che afferma la necessità di porre rigorosi limiti all'utilizzo delle tecniche matematiche in scienze diverse dalla meccanica. Crediamo che ci siano elementi sufficienti per poter affermare che l'interpretazione degli estensori dei due temi sia più vicina alla prima cui abbiamo fatto cenno, se non altro perché il tema era inquadrato nella classe di Matematica.

---

[11] G. ANDRES, *Dell'origine, de' progressi e dello stato attuale d'ogni letteratura*, Tomo Quarto contenente la prima parte delle Scienze naturali, Parma, Stamperia Reale, 1790, p. 232.

UNA DISSERTAZIONE SULL'ABUSO DEL CALCOLO E UNA FONDATA IPOTESI SUL SUO AUTORE

Mentre il concorso bandito dalla Reale Accademia di Mantova nel 1786, non ebbe un vincitore, ma solo un concorrente, a cui venne riconosciuto l'*accessit*, quello del '90 non ebbe nessun vincitore e neppure all'unico concorrente venne concesso lo stesso riconoscimento. Con ragione, perché l'intera dissertazione si può leggere come una contestazione della proposizione tematica, e una elencazione dei grandi progressi compiuti in meccanica grazie all'applicazione dei nuovi strumenti del calcolo differenziale e, in particolare, delle nuove tecniche di integrazione delle equazioni differenziali e del calcolo delle variazioni. La dissertazione, conservata manoscritta nell'archivio storico dell'Accademia Nazionale Virgiliana, non può che essere opera di un profondo conoscitore della matematica più avanzata, con grande dimestichezza con quelli che, al tempo, erano i mezzi di diffusione dei progressi scientifici; intendiamo le *Memorie* delle varie accademie europee, e in particolare di quelle di Parigi, Torino e Berlino. Il manoscritto, anonimo, è connotato – secondo l'uso – dal motto latino «Ubi est animus ille modicis contentus?», attribuito a Seneca dallo storico Tacito negli *Annales*, che forse voleva fornire un indizio sul nome dell'autore. L'unico giudizio sulla dissertazione conservato negli archivi dell'Accademia Virgiliana è quella del censore Gioseffo Mari (datata 21 luglio 1789) e non è positivo:

> La dissertazione sull'abuso del Calcolo presentata alla Reale Accademia pel concorso al premio dello scorso anno contiene un esatto dettaglio degli avanzamenti, e delle applicazioni del calcolo sudetto ai varj soggetti della Fisica, e dei principj, coi quali si è applicato. Fa vedere il vantaggio de' metodi nuovamente introdotti sopra gli anteriori con molta precisione, e la necessità di essi nella soluzione di molti problemi fisici, e congetturali. Non estendesi però a mio giudizio ugualmente a tutte le parti del Tema proposto. Merita per tanto d'esser lodato, per quella parte di argomento, che abbraccia, ma non merita, come io penso, d'essere coronata per quella parte, che resta da trattarsi secondo lo spirito del Tema. Così io giudico.[12]

---

[12] Accademia Nazionale Virgiliana, Archivio storico (da ora in poi ANV, As), Gioseffo Mari, Giudizi dei censori, b. 41 bis, fasc. II.

Il giudizio del Mari fu adottato dalla Commissione delegata a giudicare il valore delle dissertazioni e la loro congruità nei confronti del tema bandito, per cui il verdetto fu inequivocabile:

> Si trovano concordi i giudizj de' Sig. Censori nell'escludere quest'unica memoria sulle matematiche, e dalla Corona e dall'Accessit, non avendo l'autore compito interamente al Problema proposto dalla Reale Accademia. Per quella parte trattata giudiziosamente fu stabilito di dar molte lodi all'autore nel pubblicare il giudizio sul nostro Foglio periodico.[13]

La sola osservazione che si può avanzare è che l'abate Mari non fosse la persona più indicata per emettere un tale giudizio, tenuto conto delle sue limitate conoscenze in materia di analisi matematica. A proposito dell'autore del manoscritto, pur non avendone prove definitive, ci sentiamo di proporre la non peregrina ipotesi che l'autore fosse il toscano Pietro Paoli, del quale si conservano in Accademia alcune lettere scambiate con i segretari Girolamo Carli e Matteo Borsa. Nato a Livorno nel 1759, Paoli, dopo un periodo di formazione presso gli istituti dei gesuiti, si era laureato nel 1778 e nel 1780 si era trasferito a Mantova come insegnante del locale ginnasio. Lo stesso anno si era messo in luce come autore di alcuni lavori di matematica, raccolti sotto il titolo di «Opuscula analytica», che avevano attirato l'attenzione di Gregorio Fontana, il quale lo aveva segnalato per la cattedra di Mantova.[14]

A Mantova rimase poco, perché due anni dopo ottenne un incarico all'università di Pavia e infine nel 1784 la titolarità della cattedra di algebra nell'Università di Pisa. La cattedra di matematica presso il locale ginnasio, resa vacante dalla sua partenza, venne occupata da Francesco Luini, anche lui ex gesuita, discepolo di Boscovich, proveniente dall'Università di Pavia. Nel 1783 Paoli pubblicò un testo di Calcolo infinitesimale, basato sulle idee di Eulero e del marchese di Condorcet,[15] in cui tratta alcuni dei temi richiamati nella dissertazione.

L'anno successivo pubblicò il testo al quale è legata la sua fama;[16] un trattato di algebra in due volumi (a cui aggiunse un *Supplemento* nel 1804) utilizzato per

---

[13] ANV, As, Riunione del 29 luglio 1789 in b. 2, Verbali delle sessioni, 1780-1791.
[14] P. PAOLI, *Petri Paoli Liburnensis Opuscula analytica*, Liburni, ex Typographis Encyclopediae, 1780.
[15] ID., *Memorie sul Calcolo Integrale e sopra alcuni Problemi Meccanici*, Verona, Ramanzini,1793.
[16] ID., *Elementi di algebra finita ed infinitesimale*, Pisa, presso Gaetano Mugniaini, 1794.

molti anni nelle università e lodato dallo stesso Lagrange con una lettera a Paoli del settembre del 1798.

Dai contenuti emerge con evidenza l'influsso che ebbe nella sua formazione la frequentazione delle opere di Eulero, in particolare per ciò che riguarda le equazioni differenziali e il calcolo delle variazioni. Il terzo opuscolo degli aggiornamenti, in gran parte dedicato alle equazioni alle derivate parziali e alle equazioni alle differenze finite, dimostra che questi, numerose volte richiamati nella *dissertazione* dell'anonimo, erano i suoi principali campi di ricerca.

Infine, non ci rimane che ricordare che l'edizione che proponiamo della dissertazione presentata al concorso del 1790 non è la prima. Infatti il testo fu trascritto e inserito come appendice ad un saggio di Maria Luisa Baldi pubblicato nel 1979 dalla Facoltà di Lettere e Filosofia della Università Statale di Milano.[17]

---

[17] M. L. BALDI, *Filosofia e cultura a Mantova nella seconda metà del Settecento. I manoscritti filosofici dell'Accademia Virgiliana*, Firenze, La Nuova Italia, 1979.

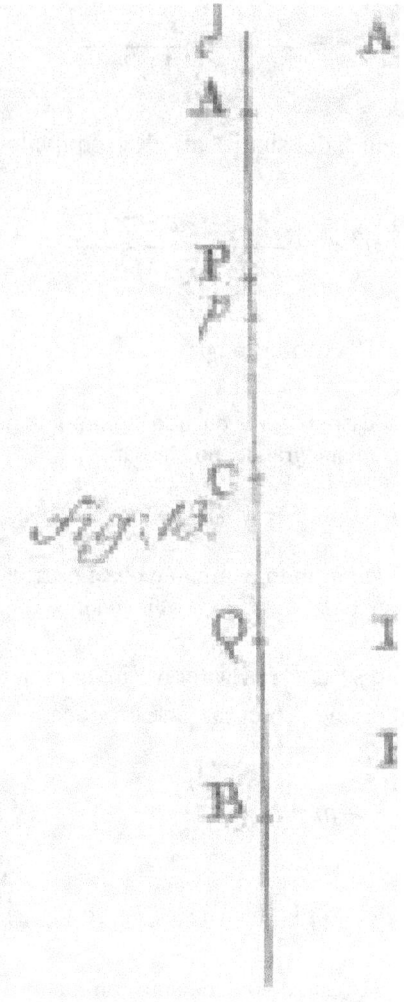

Fig. 13 Tab. II della *Mechanica* di Eulero

Indicata con f la distanza da C in corrispondenza della quale la forza di attrazione è uguale al peso del corpo, la sua accelerazione è espressa da

$$\frac{(a-x)^n}{f^n}. \qquad (8)$$

Applicando l'assioma di Newton e integrando, Eulero arriva a

$$v = \frac{a^{n+1} - (a-x)^{n+1}}{(n+1)f^n} \qquad (9)$$

che, se si tiene conto del significato di *v*, equivale a

$$\frac{1}{2}u^2 = \frac{a^{n+1} - (a-x)^{n+1}}{(n+1)f^n}. \qquad (10)$$

Dice Eulero (§ 267, corollario 3):

> Perciò in questo caso, n = -1, quando il corpo arriva nel centro C, la sua velocità è infinitamente grande, poiché sarà
>
> $$v = f \ln(\infty). \qquad (11)$$
>
> Poiché il grado dell'infinito è infimo e quasi prossimo al finito; per quanto poco *n + 1* ecceda lo zero, subito la velocità in C diventa finita.[21]

D'altronde, anche se la forza va con l'inverso del quadrato della distanza, il punto *C* è singolare, poiché l'integrazione produce

$$\frac{1}{2}mu^2 = k\left(\frac{1}{y} - \frac{1}{a}\right) \qquad (12)$$

Un caso evocato poco più avanti (§ 272, scolio 2):

> Comunque sia, in questo caso dobbiamo confidare (fidendum atque statuendum) nel calcolo piuttosto che nel nostro giudizio, poiché non ci è dato comprendere nel profondo come si possa passare dall'infinito al finito. Ciò è confermato dal caso analogo in cui n = -2. In questo caso infatti il corpo arriva in *C* con velocità infinita diretta secondo *CB*; e tuttavia non procede oltre *C*, ma repentinamente inverte il moto da *C* verso *A* così come vi era arrivato. Da ciò si vede che, tutte le volte che la velocità in *C* sia infinita, il giudizio sul moto che segue si deve sospendere.[22]

---

[21] L. EULER, *op. cit.*, p. 105.
[22] Ivi, p. 108.

Il paradosso denunciato da Eulero funse da esca per una quantità di critiche, talvolta molto aspre, come quelle che gli furono rivolte da Benjamin Robins, in un *pamphlet* uscito pochi anni dopo:

> All'inizio del terzo capitolo, che tratta del moto rettilineo, Mr. Euler espone la teoria di Galileo della caduta dei corpi, tema per sua natura non difficile, ma qui così infarcito di equazioni differenziali, che si potrebbe meglio apprendere su ciò che è stato scritto da altri in maniera più semplice. Nella parte rimanente di questo capitolo tratta in generale della ascesa e della discesa diretta di coroi accelerati da forse qualunque esercitate da un punto. E nel primo scolio della 32-esima proposizione è monto perplesso su come determinare il moto del corpo, quando abbia raggiunto il punto C (Tab. II, fig. 13.) Ritiene che non sia possibile rendere negativa la y nell'espressione della soluzione data nella proposizione; e quindi conclude che se la quantità risultante è positiva, il corpo attraversa realmente il centro C, ma se è negativa, è segno che il corpo non potrà passare oltre il punto C. Comunque ritiene che in alcuni casi questo metodo di calcolare il moto includa una contraddizione. Ma sebbene abbia concluso che, sotto certi aspetti, questo procedimento sia erroneo, poiché il risultato in quei casi è diverso da ciò che ricava da altri principi, si debba seguire; tuttavia invece di fare uso di questa scoperta, e sospettando dell'intero procedimento, egli suppone che la soluzione sia giusta in quei casi in cui non dispone degli stessi mezzi per confrontare il risultato con i principi conosciuti. Nonostante l'assurdità della conclusione, e abbia scoperto che il suo metodo di soluzione in un numero illimitato di casi falloisca nella determinazione del moto del corpo, quando abbia passato il centro, ciononostante in altri casi, in cui si presentano le stesse assurdità, suppone che il modo del corpo sia giustamente descritto dalle stesse operazioni fallaci; avendo esposto nel I° e nel II° scolio, e nel 5° e 6° corollario le tre seguenti sorprendenti posizioni.
>
> 1°. Che in molti casi né il moto del corpo, né la sua direzione dopo l'arrivo in C, si può determinare.
>
> 2°. Che in altri casi il corpo, dopo il suo arrivo in C, non può andare oltre.
>
> 3°. Che in un altro caso qui menzionato, il corpo, quando arriva in C, invece di procedere oltre, volerà indietro di nuovo nella stessa direzione da cui è venuto.[23]

Trent'anni dopo la questione, ancora oggetto di acceso dibattito, attirò l'attenzione del sacerdote teatino Giambattista Scarella, per ventisette anni professore

---

[23] B. ROBINS, *Remarks on Mr. Euler's Treatise of Motion, Dr. Smith's Compleat System of Opticks, and Dr. Jurin's Essay upon Distinct and Indistinct Vision*, London, J. Nourse, 1739, pp. 10–11.

di logica e metafisica nel seminario vescovile di Brescia, che l'affrontò in un ponderoso trattato uscito nel '66. Dice, infatti, il *Valentuomo*, come lo indica Fontana:

> Se n = -2, la forza centrale sarà $(a-x)^{-2} = \frac{1}{(a-x)^2}$, per cui la pressione nel centro sarà infinita, perché in questo punto x sarà $= a$; & quindi $a - x = 0$; e perciò $p = 1:0$, ovvero infinita perché il numeratore è finito e il denominatore infinitamente piccolo. Dopo il centro sarà positiva come prima del centro, perché dopo il centro essendo x maggiore di a, $a - x$ è una quantità negativa, ma elevata all'esponente pari 2, diventa posisitiva. Per cui ora spinge il corpo verso lo stesso verso, come prima del centro, e quindi respinge dal centro.[24]

L'intervento di Scarella non fu apprezzato dallo scolopio Paolo Frisi che ne scrisse in termini aspri in una lettera a D'Alembert pubblicata sul *Journal de Trevoux* nel 1767:

> Mi è venuto casualmente alle mani un libro del P. Scarella intitolato: *Commentarii XII de Rebus ad Scientiam Naturalem pertinenti bus*, e vi ho saputo che abbiamo ancora tre volumi in quarto del medesimo autore stampata dieci anni fa, e che nessuno ha voluto leggere, come scrive l'Autore alla pag. 206. Id certum videtur nec Frisium, nec aliquos alios mea scripta legisse, adducendone per ragione la grossezza de' libri, quod mea volumina nimium spissa sint. Io non conosco altrimenti i tre volumi indicati, e non ho potuto scorrere che in fretta le dodici Dissertazioni. Pure ne ho letto abbastanza per vedere che vi sono attaccati mal a proposito i Matematici del primo ordine, voi, Eulero, la Grange, Clauraut &c.[25]

Era infatti il destinatario della lettera di Frisi, Jean Le Rond d'Alembert, il critico più acuto e fecondo delle argomentazioni di Eulero. Già partire dal 1761 aveva affrontato la questione nel primo dei suoi *Opuscules mathématiques*:

> M. de Foncenex, per fortificare la sua teoria sui Logaritmi immaginari, considera un corpo o un punto mobile A, spinto verso un centro C da una forza

---

[24] G. B. SCARELLA, *Commentarius IV. De viribus centralibus, deque variis difficultatibus, quæ ad versus ea, quæ a nobis statuta sunt tom. II. Phys. Gener. Dum Euleri, & Buschovichii sententias refelleremus, colligi possunt ex opusculis post edizione illius voluminis in lucem emissis a Clariss. Viris Æquite Daviet de Foncenexio, & Alemberto*, in *Commentarii Duodecim de Rebus ad Scientiam Naturalem pertinentibus*, Brescia, ex Typographia Joannis Mariæ Rizzardi, 1766.
[25] P. FRISI, *Lettre du P. Frisi à M. D'Alembert*, in *Memoires pour l'Histoire des Science set des Beaux-Arts, commencè en 1701, & connu sous le nom de Journal de Trévoux*, Tome CCLXII, Gennaio 1767, p. 294.

$= \frac{1}{CP^n}$; ed ecco il ragionamento che fa in conseguenza di tale ipotesi. Sia, dice lui, $AC = a$, $AP = x$, u la velocità in P; sarà

$$u \, du = \frac{dx}{(a-x)^n}, \quad (13)$$

e

$$\frac{u^2}{2} = \frac{1}{n-1} \left(\frac{1}{(a-x)^{n-1}} - \frac{1}{a^{n-1}} \right); \quad (14)$$

una quantità che è sempre reale e positiva, quando n è un numero dispari e rappresenta in effetti la legge della velocità del corpo dalle due parti del punto C. Infatti prendendo $Cp = CP$, si troverà che la velocità u in p è uguale alla velocità in P, come effettivamente dev'essere, poiché il corpo, dopo essere arrivato in C, deve passare al di là con lo stesso grado di velocità (in senso opposto) che aveva prima di arrivare. Ora, aggiunge M. de Foncenex, allorché n = 1, il differenziale

$$u \, du = \frac{dx}{a-x} \quad (15)$$

si integra per Logaritmi, e viene allora

$$\frac{u^2}{2} = Log. \frac{a}{a-x}. \quad (16)$$

Nel caso in cui x è > a, ovvero in cui il corpo è al di là di C, $\frac{a}{a-x}$ diventa negativo; e non si potrebbe dire, aggiunge sempre l'Autore, che $Log. \frac{a}{a-x}$ sia immaginario, poiché questa quantità rappresenta la metà del quadrato della velocità u^2, che per la natura del Problema dev'essere sempre reale e positiva. M. de Foncenex ne conviene, e sembra con ciò sposare la causa di M. Bernoulli e la mia. Ma pretende che allora i valori di u^2, prima e dopo il transito attraverso C, non siano uniti dal legame della continuità; perché, dice lui, vi è un *salto* nell'accrescimento e il decresci mento della velocità del corpo nel punto C; essendo questa velocità finita un istante prima del passaggio, e tornando finita un istante dopo. Da parte mia non vedo, lo riconosco, perché vi sia un *salto* maggiore nel caso di *n = 1*, che in quello di *n* uguale a qualsiasi altro numero intero dispari, per esempio = 3; ed è certo che in quest'ultimo caso i due valori di u^2, come riconosce anche M. de Foncenex, sono uniti dal legame della continuità. Nel caso di n = 1, come in quello di n = ad un numero dispari qualunque, il valore di u è infinito in C, e la velocità subisce ugualmente da una parte e dall'altra del punto C un incremento e un decremento graduali, assumendo successivamente tutti i valori possibili, da zero all'infinito.

Non ho la pretesa tuttavia di trarre vantaggio dal valore di u^2 per $n = 1$, come sostegno dell'opinione che io sostengo circa la realtà dei Logaritmi delle quantità negative. In quanto convengo francamente che questo metodo di argomentare dalla soluzione di un problema di Meccanica a quella d'una questione di Geometria, non mi sembra molto convincente; e ne ricavo la priova nel Problema di cui ci occupiamo. In effetti, se si suppone nel problema n = a un numero pari qualsiasi, è facile vedere che quando x sarà maggiore di a, il valore di u^2 sarà negativo, e di conseguenza quello di u immaginario; pertanto è evidente che passato il punto C, il mobile A avrà un valore reale; cosicché in p, per esempio, la sua velocità sarà uguale a quella che aveva in P, e diretta nello stesso senso. Questa contraddizione fra il calcolo e il ragionamento, e lo'impossibilità apparente di conciliarli, hanno fatto credere a un grandissimo Geometra che nel punto C il corpo A si *annichilisse*. Ma senza far ricorso a questa singolare conclusione, si può spiegare il paradosso in modo ben più semplice e chiara. Prendiamo, per esempio, $n = 2$ per fissare le idee; è chiaro che si avrà

$$u\,du = \frac{dx}{(a-x)^2}; \qquad (17)$$

per questa equazione il valore di $u\,du$ e di conseguenza quello di du dev'essere sempre positivo, sia che si abbia $x < a$, o $x > a$, vale a dire sia che il corpo sia ad qua o al di là del punto C. Tuttavia è evidente che al di là del punto C la velocità decresce e che pertanto du è negativa. La ragione per la quale il calcolo non può rappresentare la velocità u dopo il passaggio di C, è che per ipotesi la forza è $\frac{1}{(a-x)^2}$, e che questa espressione Algebrica è sempre positiva, sia che x sia $<$ o $>$ di a. Pertanto, passato il punto C, la forza è diretta in senso opposto a quello che era in precedenza; per cui bisognerebbe prendere $-\frac{1}{(a-x)^2}$ come espressione della forza; e come espressione della velocità,

$$u\,du = \frac{-dx}{(a-x)^2}, \qquad (18)$$

che dà un valore corretto per u. Eccolo, mi pare, lo scioglimento del paradosso in quel caso, e negli altri simili.[26]

---

[26] J. L. R. D'ALEMBERT, *Sur les Logarithmes des quantités negative*, in *Opuscules mathématiques*, tome 1, Parigi, chez David, 1761, pp. 219–222.

D'Alembert riprese il problema qualche anno dopo, alla luce di considerazioni assai profonde:

> Ecco una specie di paradosso geometrico che mi è parso degno di rendere noto.
>
> Se $\frac{1}{x^2}$ è la forza che agisce su un corpo in linea retta verso un centro, u la velocità del corpo alla distanza x, & a la distanza dalla quale parte il corpo, sarà
>
> $$u^2 = 2 \int -\frac{dx}{x^2} = 2\left(\frac{1}{x} - \frac{1}{a}\right) \quad (19)$$
>
> e
>
> $$u = \sqrt{\frac{2}{x} - \frac{2}{a}}; \quad (20)$$
>
> espressione che diventa immaginaria quando x è negativa; conoscete le singolari conclusioni che un grande Geometra ha ricavato da ciò, e alle quali ho risposto nel Tomo primo dei miei Opuscoli, pag. 221. Ma ecco qui qualcosa di più singolare, ed è che l'espressione di u diventa immaginaria, quando x è negativa, anche quando si suppone che al di là del centro, la forza centripeta diventi centrifuga: vale a dire, che la forza sia sempre diretta nel medesimo verso dalle due parti del centro, pur restando proporzionale a $\frac{1}{x^2}$; il che appare paradossale; un paradosso che sussiste facendo cominciare le x dal punto di partenza, invece di farle cominciale dal centro; così che si ottiene
>
> $$u\,du = \frac{dx}{(a-x)^2} \quad (21)$$
>
> ovvero
>
> $$u^2 = \frac{2}{a-x} - \frac{2}{a}; \quad (22)$$
>
> e se x è $> a$, il valore di u diventa immaginario. Tuttavia, il valore di u du è sempre positivo, quando x è $>$ a, come nel caso nostro; perché se si suppone che per x $>$ a, la forza diventi centrifuga da centripeta che era, la velocità, che è infinita al centro, deve in seguito aumentare ancora, dopo che il mobile ha superato il centro, dato che il corpo riceve nuova spinta nello stesso senso di prima. L'espressione della velocità, per essere conforme alla verità, do-

vrebbe dunque contenere una quantità che restasse infinita per x > a; cosicché il calcolo è qui tanto più in difetto quanto più l'espressione $\frac{1}{x^2}$ della forza è esatta dall'una e dall'altra parte del centro, in quanto la direzione della forza è la stessa.[…] Mi sembra che i geometri non si siano ancora resi conto di questo paradosso, di una quantità la cui espressione diventa fallace in certi casi, dopo che è passata per l'infinito, se dopo questo passaggio non diventa negativa.[27]

---

[27] J. L. R. D'ALEMBERT, *Sur un Paradoxe géométrique*, in *Opuscules mathématiques*, tome quatrième, Parigi, chez Briasson, 1768, pp. 62–64.

ubi est animus ille modicis contentus?
                        Seneca in Tacito.

                    Saggio
                Sopra il quesito

Se vi sia ora qualche eccesso nell'uso che noi facciamo del calcolo, quali siano di ciò le cagioni, quai danni ne possan venire, e quali regole s'abbiano per stabilirne i giusti confini.

            Introduzione

La scienza del calcolo sarebbe arrivata certamente al limite della sua perfezione, quando potesse tutte conoscere col soccorso delle cognizioni, che abbiamo di parecchie quantità, le moltissime che rimangono a conoscersi, qualora da una condizione principale di qualsiasi scienza fussero unite le ignote e le cognite quantità, e disposte in quell'ordine, che chiamano i Geometri e-quazione essa valesse a sviluppare da essa equazione tutti i suoi rapporti. Nel retto ci verrà a comprendere, che il calcolo può estendersi a tutte le ricerche di quantità, che si possono mettere in equazione, e che terminano i suoi dritti ove termina solamente la sua forza, ove cioè egli non sappia tirar fuori dall'inviluppo algebraico le quantità, che si cercano, e che perciò difficil cosa sarebbe lo stabilire all'analisi i suoi assoluti confini. (1)

_____

(1) Quell'equazione, o ne rappresentazioni rapporti delle quantità ...

3

DISSERTAZIONE DI ANONIMO
UBI EST ANIMUS ILLE MODICIS CONTENTUS?*

Seneca in Tacito

Saggio sopra il quesito Se vi sia qualche eccesso nell'uso, che suol farsi del calcolo; quali siano di ciò le cagioni; quai danni ne possan venire, e quali regole v'abbiano per stabilire i giusti confini.

INTRODUZIONE

La scienza del calcolo sarebbe arrivata certamente al limite della sua perfezione, quallora potesse farci conoscere col soccorso delle cognizioni, che abbiamo di parecchie quantità le moltissime che rimangono a conoscersi, quallora da una condizione principale di qualsiasi ricerca insieme unite le ignote e le cognite quantità e distribuite in quell'ordine, che chiamano i Geometri equazione essa valesse a svilupparne da essa equazione tutti i rapporti. Ne molto vi vorrà a comprendere che il calcolo può estendersi a tutte le ricerche di quantità, che si possono mettere in equazione, e che terminano i suoi diritti ove termina solamente la sua forza, ove cioè egli non sappia tirar fuori dall'inviluppo algebrico le quantità che si cercano, e che perciò diffcil cosa sarebbe lo stabilire all'analisi i suoi assoluti confini.[1]

Dalla condizione sola, che debba eguagliarsi al nulla la somma dei prodotti delle forze nelle masse de' corpi, su quali agiscono, e nei piccoli spazj che converrebbero percorrere in direzione di quelle forze basta per farci trovare l'equazione, che abbisogna al calcolo, perché possa aver presa a qualunque ricerca di Fisica. Ma se da Fisico-Matematici si avesse voluto applicare ad ogni caso e questione la formola, e inoltrarla sostenendola in tutta quella generalità, che si esigerebbe per potere da essa dedurre esattamente la spiegazione di tutti i fenomeni, in quai labirinti immensi di analisi non si sarebbero perduti senza forse neppur sapere quanto si è saputo col soccorso della Fisica, e dietro le traccie dell'esperienza? Dall'altra

---

* Trascrizione del manoscritto originale conservato in ANV,As, b. 61 – fasc. 22. Le note riportate sono nel manoscritto.
[1] Quell'equazione o ne rappresenterà i rapporti delle quantità, ovvero i limiti dei rapporti. I primi potendo essere lineari, quadrati o cubici, o di qualunque altra potenza, si determinano colle semplici primarie operazioni dell'Algebra. Col calcolo infinitesimale si suole qualche volta dalla cognizione dei limiti salire a quella dei rapporti delle quantità.

parte il metodo sintetico, od altro simile, che può essere talvolta sostituito all'analitico, non è pur esso un'istromento siccuro per cercare e ritrovare la verità? Non ci risparmia tallora de' lunghi travagli di calcolo? Anzi da celebri pensatori non fu quello preferito all'analisi, come più di questa luminoso e come il più atto a rendere e mantenere attivo lo spirito nelle sue indagazioni? Non si potrebbe temere che la molta analisi come troppo misteriosa e enigmatica nelle sue operazioni ci inducesse in qualche errore e in qualche inesatezza? Ci rendesse inerti le facoltà inventrici e di discussione? Parecchie delle scienze più interessanti riguardano quantità si avvrà perciò dai Coltivatori di essa a studiare del calcolo, perché il calcolo è la scienza delle quantità? Conveniamo dunque che, se il calcolo può applicarsi ad ogni quistione, che quantità riguardi, per ritrarne però dei convenienti vantaggi, potrebb'essere che ad alcune quistioni, o per qualche scienza fosse meglio non usare ne apprender calcolo di sorte alcuna, o poco, e in alcune altre fosse più utile temperarlo colla Fisica e coi fatti, o colla sintesi od altro simile metodo, e che, per ottenere il massimo de' vantaggi considerati in tutti i rapporti, l'uso e lo studio dell'analisi, e per le scienze nelle quali realmente si può usare, e per quelle nelle quali può giovare soltanto lo spirito di calcolo, dovrà avere un limite. Questo sarà quel limite certamente per determinare il quale l'Illustre Reale Accademia domanda quali regole vi possano essere. L'eccesso nell'uso che suol farsi del calcolo sarà quello che oltrepassa questo confine, e relativo solamente ai danni che ne possono venire. Quindi hò creduto doversi dimostrare primieramente in quali usi e di quali calcoli non vi sia, ne vi potrebb'essere in alcun senso il più picciol eccesso, e questo è il sogetto della Prima Parte di questo mio saggio. Da ciò ne deduco delle siccure Regole per stabilire i giusti confini, vale a dire per conoscere di quanto, e di qual calcolo, e in quali ricerche, e per quyali scienze ed arti, e come, e da chi si avesse ad apprendere, e usare per evitare tutti i danni, e per conseguirne tutti i più grandi vantaggi possibili, ed è l'argomento della Parte Seconda. Come è chiaro da tutto ciò facilmente e evidentemente si può inferire, se ora vi potess'essere qualche eccesso. Nella Terza Parte adunque stabilisco potervi essere degli eccessi e dei difetti, e nella Quarta ne descrivo le principali cagioni.

PARTE PRIMA

IN QUALI USI E DI QUAI CALCOLI NON VI SIA ECCESSO

ARTICOLO I

Vantaggi dell'uso e studio del calcolo

§ 1. – *Usi nelle Ricerche di Fisica*

Dalla formula generale che abbiamo indicata si deducono le leggi dell'equilibrio e del moto di un indeterminato numero di corpicioli animato da qualsiasi quantità di forze, e da queste leggi, così in astratto e generalmente stabilite, si deducono quelle dei solidi e dei fluidi e degli elastici e flessibili colla considerazione sola delle proprietà generali che li distinguono, valer a dire, i solidi nella sola supposizione che non possano aver moto trà loro le particelle che li compongono, ne possano perciò cambiar la figura, e le molecole abbiano un moto anche trà loro e premano da ogni parte ugualmente. Ora il calcolo, che a queste ricerche abbisogna non si potrà tacciar certamente di eccessivo, se si considerano i vantaggi che se ne ottengono. Questo calcolo consiste nei soli principi del calcolo delle variazioni e delle differenze parziali, e forse la natura istessa di queste ricerche fù quellaq che fece conoscere il bisogno di questi calcoli, se non ne fece nascere le prime idee, come altre fisiche ricerche diedero occasione a elevate scoperte di analisi.[2]

Col soccorso di questi calcoli si ottengono in sei equazioni racchiuse le leggi del moto di un corpo di qualunque figura, che possono servire per determinare e il

---

[2] Fù nell'osservare attentamente la natura, nel seguir le sue traccie, nel considerarla nel suo essere reale, che nacquero le prime idee de' calcoli sublimi. Il calcolo differenziale si vole da alcuni inventato da Newton, mentre osservava attentamente la progressione continua degli effetti che si succedono in natura. È debitore il Signor D'Alembert dell'invenzione del calcolo a differenze parziali all'analisi fisica ed esatta dei moti, che nascono nell'atmosfera per le attrazioni del sole e della luna. Nacquero le prime idee informi sul calcolo a differenze finite al Taylor allorché volle avvicinarsi alla natura nelle sue ricerche sulla vibrazione delle corde.

moto di rotazione, se ne hà, intorno a un punto, e il di lui moto di progressione. Si hanno quelle che possono servire per conoscere i movimenti di un sistema libero di corpi che si attraggono a vicenda. In quattro sole formole semplicissime si ottengono le espressioni del moto de' fluidi si elastici, che non elastici, si delle particelle alla superficie, che di quelle entro la massa.

Si grande generalità avrà il vantaggio di guidarne facilmente alla soluzione di moltissimi problemi, facendo soltanto in quelle equazioni que' cambiamenti che richieggono i casi particolari, a quali si vole applicare, facendo per esempio cadere il centro di rotazione nel centro di gravità o di grandezza se si applica ai pianeti, facendo soggiacere i moti della superficie del fluido alle leggi che esigono le pareti de' vasi se in essi si muove, facendo sparire da quelle formole le espressioni dei moti se il fluido o il solido è in quiete e si vogliano rilevare le condizioni dell'equilibrio. Dalla soluzione generale di questi problemi parecchie verità si deducono facilmente che possono essere i germi delle più belle scoperte, non pochi teoremi che possono servire di fondamento a sublimi ed utili teorie, che volendosi ritrovare colla sintesi o in altro modo convien passare per una serie intricata di principi e di raziocini laboriosi. Tale sarebbe per esempio il teorema della conservazione delle forze vive in un sistema qualunque de' corpi, tanto se siano solidi che fluidi, incompressibili o elastici, verità che al Sig.^{r} D'Alembert costò tanti teoremi.[3]

L'uso dunque, che si facesse di questi calcoli in tali ricerche non potrassi giammai tacciare di eccessivo, con l'esperimento ne con la sintesi non potendo tanti vantaggi ottenere.

Ne dai più scrupolosi ne dai più severi Geometri potrebbersi credere inesatte cotali ricerche. I loro sogetti fino qui sono matematici, semplici, astratti, come lo sono i sogetti dell'Algebra, e tutto il lavoro non è. Per così dire, che lavoro di Analisi, e perciò tutto preciso e esatto quanto lo sono le operazioni di questa scienza, esatta e precisa anch'essa quanto lo è la Geometria. Sarà dunque nel trasportare soltanto queste astratte ricerche agli esseri reali, che potrebbero con maggior fondamento temere che si oscuri e si alontani la verità. È per questa cagione

---

[3] Vedi Dinamica dell'Autore.

che da sommi uomini[4] si è temuto che si possa fare utilmente uso del calcolo soltanto in qualche parte di Astronomia, nell'Ottica e nella Meccanica razionale essendo i sogetti di queste ricerche presso che matematici.

Si hà temuto che estendendo, come di fa, l'uso del calcolo a sogetti di Fisica complicati «s'abbiano a fare delle supposizioni contrarie alla natura, s'abbia a spogliare il sogetto della maggior parte delle sue qualità, a cangiarlo in un essere astratto che più non rassembrasse all'essere reale, e dopo di avere ragionato molto e calcolato sopra le relazioni e le proprietà di questo essere astratto e di esser giunti ad una conclusione niente meno astratta credere di aver trovato qualche cosa di reale, e questo risultato ideale trasportando all'essere reale derivarne un'infinità di false conseguenze e di errori». Si è per queste ragioni e per simili abusi, che si fecero appunto de' calcoli, che da qualche altro celebre pensatore si hà temuto che lo spirito di calcolo, che cacciò via quello di sistema possa ora regnare un po' troppo per parte sua.[5]

Nell'uso che si fa di queste astratte teorie generali e di altri calcoli ancor più sublimi nei casi reali della natura, si avrà da noi a esaminare primieramente se i lunghi e sublimi calcoli possano introdurre nelle ricerche qualche errore o qualche perniciosa inesattezza, poscia se più vantaggiosamente con più sintesi e con l'esperimento potevano essere trattate.

Riguardo al Primo, prima di tutto conveniamo facilmente che se vi era mezzo per sciogliere le quistioni di Fisica complicate, il primo passo da farsi per iscioglierle con esattezza era certamente quello di determinare le leggi dell'equilibrio e del moto nei casi che si sono esposti. Vedremo essere quelli, per così dire, i primi materiali per la soluzione de' problemi più interessanti e vedremo ancora che, se in alcuni si conoscono le forze, non si conosce la figura de' corpi, o se di alcuni effetti che costantemente si osservano e quindi, per non limitarsi a ipotesi, doversi assolutamente trattare le ricerche in tutta questa generalità.

---

[4] BUFFON. Maniera di trattare la storia naturale.
[5] D'ALEMBERT.

Incominciamo dall'equilibrio e dal moto de' fluidi, come quelli tra le indagini fisico - matematiche ne quali si avrebbe a temere con maggior fondamento che si adoperasse troppo calcolo pei due motivi poco fà accennati.

I soggetti principali delle ricerche che riguardano i fluidi sono la velocità, la pressione e la resistenza. Sopra di che sarà bene di riccordarsi essere dimostrato evidentemente[6] ridursi la pressione, che esercita l'acqua per esempio o contro il fondo o contro i lati del canale, come pure la resistenza che soffre un corpo che in essa si trovi, ridursi, dico, ad una funzione della velocità dei fili dell'acqua che sono a contatto col fondo, colle pareti, o colla superficie di quel corpo.

Ma non si conosce la figura, ne la disposizione mutua delle particelle che compongono che compongono i fluidi, ne si conosce come queste si muovano tra di loro. Ecco dunque le trè grandi ricerche da farsi nella teoria de' fluidi ridotte necessariamente a quelle della velocità nei varj casi, e questa alle sopraccennate leggi generali del moto de' fluidi. Ecco mediante l'uso de' calcoli sublimi fin dove si poteva avanzare la precisione geometrica in una ricerca, che tanto ritrosa si dimostrò ai talenti che aveano dato la legge alle immense masse de' corpi celesti e ci avea fatto conoscere la luce. È nota infatti l'ipotesi dell'imbuto, che servì al Newton per calcolare il moto del fluido che si muove in un vaso uscendo da un foro aperto nel fondo.

La Idrodinamica di Daniele Bernoulli è fondata sopra un principio che non si dimostrò prima verificarsi nel moto dell'acqua. Quella del Sig.[r] D'Alembert e di Giovanni Bernoulli stabilite sopra più solidi fondamenti, si restringono alle ipotesi che il fluido si muova con uguale velocità in ogni punto della medesima sessione. Queste teorie non abbisognano che del calcolo ordinario differenziale e integrale. Allorche il D'Alembert, l'Eulero, de la Grange, la Plaze e Cousin, e Monge ànno voluto escludere da queste ricerche tutte le ipotesi che fu loro possibile, e portare quella meravigliosa chiarezza e precisione di cui brillano le loro teorie, sono stati costretti a ricorrere ad altri calcoli e servirsi delle quattro formole generali, che, come dicemmo, furono dedotte dalla ricerca generalissima del moto di un numero indeterminato de' corpi ec.... Nello sviluppo di queste formole, si riconoscerà il giovamento e la necessità della Teoria delle equazioni a differenze parziali a trè variabili, alla quale teoria sono stati di somma utilità gli sforzi analitici del Sig.[r]

---

[6] D'Alembert, Eulero, ec.

Eulero e di altri Geometri, i travagli del Sig.ʳ de la Plaze sulle ricerche, se sia suscettibile d'integrazione di una data forma l'equazione lineare del primo ordine a differenze parziali, e sulla di lei integrazione, e gli esami delle equazioni di questo genere di secondo ordine. Sebbene con questi calcoli e con queste sue industrie venga a metterle sotto la forma vantaggiosa, alla quale erano state ridotte dall'Eulero, con queste sue suttili indagini però estende più oltre delle teorie dell'Eulero le sue, e scioglie dei casi, non isciolti, e proposti solo da quest'autore.[7]

Si vedrà che le ricerche sul moto de' fluidi conducono a equazioni a differenze parziali, di cui l'incognita racchiude più di due variabili, e il Sig.ʳ Cousin ricerca l'integrazione per approssimazione di alcune di queste equazioni.[8]

In virtù di questi calcoli fa vedere che si può sempre integrare complettamente quelle, che sono date dalla supposizione che il fluido debba esser continuo.

Ma se da tutto ciò si potrà conchiudere con sicurezza, che le prime astratte teorie generali soccorse dall'industria, e dall'uso di calcoli si sublimi, servono a contemplare e trattare l'argomento de' fluidi con qualche grado di maggiore esattezza, non si potrà sì agevolmente vedere, che portino de' gran giovamenti alle trè quistioni, che ànno a essere il loro scopo primario, o lo possano almeno portare senza permettersi delle ipotesi e degli arbitrj. Per lo che, rifletteremo tosto, non esser picciol vantaggio quello di poter rilevare mediante l'uso di ricerche sì generali e di elevata analisi, fin dove possa essere inoltrata col calcolo questa teoria, e di fissare, come osserva il D'Alembert, i limiti dove essa deve arrestarsi. Diffatti si veggono nelle memorie, che ànno dato sulle leggi del moto de' fluidi quest'Autore[9] e il Sig.ʳ de la Grange.[10]

Per quale figura de' vasi o canali, in quale ipotesi di velocità si possa sperare di trarre col calcolo qualche utile verità, e in quali altri casi non sieno sufficienti per ottenere qualche vantaggio, ne tutte le scoperte dell'analisi, ne i lumi che l'osservazione e l'esperimento hanno sparso fin'ora su questo sogetto. L'uso, che fece il Sig.ʳ D'Alembert delle esposte teorie astratte e del sublime calcolo nel di lui

---

[7] Memorie dell'Accad. Delle scienze di Parigi 1773.
[8] Nelle stesse memorie 1783.
[9] Vedi suoi opuscoli matematici.
[10] Tomo II. III dell'Accademia di Turino. Non faccia difficoltà l'avere il grand'uomo dedite le leggi del moto de' fluidi dal principio della minima azione. Quei medesimi risultati si ottengono anche dalla formola generale.

saggio sulla resistenza de' fluidi, non mostra se non fin dove possono giugnere i sforzi dell'ingegno per l'analisi in tali speculazioni, e l'impossibilità di poterla determinare esattamente in qualunque caso, e l'inesattezza, e l'insusistenza delle ordinarie teorie. Confesseremo però che sarebbe aver fatto molto l'avere anche ridotta ad una scienza negativa una parte della Fisica di tanta importanza e di tanta difficoltà.

Ma qualunque sia il vantaggio che ànno reccato all'Idraulica, alla Nautica pratica le sublimi teorie sulla velocità, pressione e resistenza, che fin'ora accennammo, ne hanno portato uno meraviglioso e incontrastabile all'Astronomia Fisica. Non mostrossi la teoria delle attrazioni delle sferoidi e della figura de' pianeti più esatte, che all'epoca in cui furono avanzate alla perfezione indicata le teorie de' fluidi, e il calcolo a differenze parziali crebbe ancor più e fù usato nello sviluppare delle funzioni in serie.[11]

Se il flusso e riflusso del mare dipendente dalle su mentovate ricerche del moto e dell'azione de' fluidi non si è potuto trattare considerando le ineguaglianze del letto dell'oceano, si hà però mediante queste teorie e coll'agiuto de' sublimi calcoli potuto abbracciare più elementi. Il flusso e riflusso del mare e dell'atmosfera non è più un alzamento, ne un abbassamento dei due fluidi, che coprono un nucleo solido in quiete, sopra cui dominano colle loro forze attraenti i due potenti luminari. La terra e la luna girano intorno ai loro assi e intorno al sole, la luna nella sua orbita avvicinandosi e allontanandosi dalla terra ubbidisce alle leggi d'impulso e di attrazione, e i varj delicati fenomeni che da questi moti e dalle varie attrazioni per le varie distanze nel mare e nell'atmosfera succedono, sono spiegati.

---

[11] Facendo dipendere le attrazioni da equazioni a differenze parziali di secondo ordine, si arriva ad ottenere qualche risultato generale sulla espressione in serie delle attrazioni delle sferoidi qualunque. Supponendo in seguito le sferoidi molto somiglianti alla sfera, e combinando questi risultati con una equazione differenziale, che ha luogo nella loro superficie, si giunge ad una espressione in serie generale e semplice delle attrazioni delle sferoidi pochissimo differenti dalla sfera, espressione che si termina tutte le volte che l'equazione della loro superficie è finita e razionale. È cosa degna di riflessione che questa espressione la quale coi metodi ordinarj esigerebbe delle integrazioni complicatissime, si ottenga senza alcuna integrazione e colla sola differenziazione delle funzioni. Tutta la teoria della figura de' pianeti e della legge della gravità alla loro superficie ne è un semplice corollario. Ne risulta che se il pianeta è omogeneo egli non può essere in equilibrio che in una sola maniera, qualunque sieno le forze che l'animano, e così la terra viene ad essere necessariamente in quella ipotesi un'ellissoide di rivoluzione. Si trova la relazione tra la gravità alla superficie dello sferoide e la sua figura indipendentemente dalla costituzione dello sferoide. E quando si avesse un numero sufficiente di osservazioni sulla grandezza dei gradi terrestri e sulla lunghezza del pendolo potrebbe somministrare una nuova conferma del principio della gravità universale. [Teorie des attractions des spheroides ec.. Par M.r de la Plaze].

I fenomeni della precessione degli equinozi, della nutazione dell'asse terrestre, della librazione della luna, non devono essere che un risultato dell'attrazione del sole e della luna sopra la porzione non isferica del nostro globo coperto d'acqua e dell'attrazione della terra sopra la porzione non isferica della luna coperta pur essa, se si vole, di un fluido. Hannosi adunque a considerare il moto diurno ed annuo della terra e della luna, e il moto di quei fluidi da quali vengono quei globi più o meno premuti, secondo le maggiori o minori attrazioni per le varie distanze dei corpi che le esercitano. Questa teoria non diventa dunque che un caso particolare della teoria generale del moto di un corpo di qualunque figura mosso da indeterminata quantità di forze. Quando si ha mai potuto salvare l'eleganza e la precisione richiesta, come vedremo, nelle ricerche di questi delicati e meravigliosi fenomeni, avvicinandosi a quella unità di ricerche abbracciata dalla formola generale, da principio indicata, o, per dir meglio, quando la formola generale ha potuto estendersi fino a questo caso, e porgerci in tanti corollari le teorie particolari, che ànno bastato ad onorare i loro autori e a somministrarci tanti lumi, onde conghietturare si bene sulla tessitura interna del nostro globo, sulla profondità dell'oceano e sulla esistenza di un fluido che copre la luna? Quando io dico si hanno mai potuto ottenere tutti questi vantaggi, se non allora che il calcolo ha potuto abbracciare tanti elementi?[12]

Tutto dunque concorre a mostrare evidentemente che le teorie astratte e generali e i calcoli sublimi applicati alla ricerca del moto e dell'azione de' fluidi ben lontani dall'avere in essa portato inesattezza o errore erano anzi necessarissime per

---

[12] L'esattezza di queste soluzioni non si ottiene che dal soccorso dei progressi fatti dall'analisi e dalla teoria de' fluidi e dalla perfezione di quella delle sferoidi. Il Signor D'Alembert avea ristretta la ricerca delle oscillazioni di un fluido di poca profondità, che circonda una sfera all'ipotesi che il fluido sia levato dallo stato di quiete mediante l'attrazione di un astro immobile. Il Sig.r de la Plaze mediante le teorie sopraccennate le tratta supponendo all'astro un moto qualunque nello spazio, e qualunque sia lo stato e il moto primitivo del fluido, e ne dà una soluzione completa. Le soluzioni del problema del flusso e riflusso del mare e dell'atmosfera e della precessione degli equinozi, che ne dà il medesimo Autore negli atti dell'Accademia di Parigi avendo il vantaggio di essere la più generale di quelle, che ne diedero prima altri celebri Autori sono anche le più esatte e le più feconde di verità. In quella del flusso e riflusso del mare spiega la differenza dei fluidi diurni, che prima non fù spiegata, dalla quantità che rileva dell'alzamento e dell'abbassamento delle acque cava delle bellissime conghietture sulla profondità del mare e sulla figura del suo fondo. Le ingegnose teorie, che ci diedero prima di lui D'Alembert, Eulero, Bernoulli, Mac Laurin sono tutte racchiuse in corollarj di quella del de la Plaze. In quella della precessione degli equinozi ha voluto computare anche le pressioni dell'acqua del mare; da cui rilevò poscia che non aveano influsso. Vegganti le ricerche del Sig.r de la Grange sulla librazione della luna nelle memorie del 1780 dell'Accademia di Berlino. Da tutto ciò si rileverà il giovamento grandissimo della generalità di tutte queste teorie, e il bisogno che ebbero delle esatte espressioni delle leggi generali del moto de' fluidi cavate dalla formola che abbiamo indicata, e si vedrà insieme doversi tutto ai progressi che hà fatto la scienza del calcolo dopo la scoperta del calcolo differenziale e integrale. Si veggano nelle memorie dell'Accademia delle scienze 1776, 1777 ricerche sulle oscillazioni dell'atmosfera, sul flusso e riflusso del mare sulla precessione degli equinozi di M.r de la Plaze.

rettificare le ordinarie teorie trattate con poco ed ordinario calcolo, e per portarle a quella precisione, che potevasi sperare dai sforzi più grandi dell'ingegno e dell'analisi, e che fosse atta insieme a svelarci delle verità egualmente importanti e sublimi. Passiamo a vedere se tutti questi vantaggi si riscontrino anche nelle altre ricerche.

La teoria del moto de' pianeti in quanto sono alterati dalla loro azione mutua non riducesi forse a quella di sedici corpi, che scambievolmente si attraggono e tutti vengono attratti dal sole? Non ànno tutti[13] un moto vorticoso intorno ad un asse, o ad un punto, e ciascuno di questi punti non ga un moto nello spazio?

Le orbite descritte dai pianeti e dai loro satelliti sono pure i spazi descritti dai centri di loro grandezza, o di gravità. La cognizione della figura di queste orbite, il tempo in cui vengono percorse, o luoghi ove i pianeti ritardano e accelerano, la dilatazione di alcune, il restringimento sospettato di alcune altre; l'accellerazione e il ritardamento, che sembra nascere in alcuni di questi globi ogni secolo, l'inclinazione delle orbite tra di loro quelle della terra sul piano dell'eclittica, cognizioni tutte, che che non decidono meno, che della sicurezza della navigazione, della misura del tempo, della possibilità dei cambiamenti dei climi, della perdita di alcuni pianeti, dell'acquisto di alcuni altri, delle rivoluzioni infine che possono succedere a questo meraviglioso sistema dei cieli, dell'esistenza dell'attrazione celeste, di quella di un fluido, o del vacui in cui nuotano i pianeti. Queste cognizioni sì sublimi, sì interessanti, quando si potrà sperare di farle colla dovuta esattezza, se non allora che la nota formula generale sarà arrivata ad abbracciare questi corpi? Quando si è veduta la minore inesattezza in queste ricerche, e spiegato con eleganza e con facilità il maggior numero de' fenomeni? Appunto fù allora che si hanno computati trè di quei corpi alla volta, e nel numero delle forze non sim sono trascurate quelle, che agiscono sulle porzioni irregolari de' pianeti, ne si sono trascurati nel calcolo quei termini che parevano trascurabili per la loro piccolezza, e l'epoca felice fù quella della scoperta sulla soluzione generale di certe equazioni differenziali[14], fù quella della teoria delle serie ricorrenti, di cui variano i termini

---

[13] Si eccettua Mercurio.
[14] Queste equazioni sono
$$x = y + \frac{Hdy}{dx} + \frac{H'dy'}{dx^2} + ec.. + \frac{H^{n-1}dy^n}{dx^n}.$$
y, H, H' ec. essendo funzioni qualunque della variabile x, la di cui differenza è supposta costante; il Sig.^{r} Eulero con una considerazione altissima sui principi metafisici del calcolo, il Sig.^{r} D'Alembert col metodo dei coefficienti indeterminati risolvono il caso in cui

in molte differenti guise, e delle integrazioni lineari a differenze finite e parziali ec...

Nelle ricerche che riguardano la perfezione, o se non più i maggiori avvanzamenti della scienza navale e delle macchine idrauliche non si rileverà che con esse abbia più lintani rapporti la ricerca generale, i quali abbiamo veduto avere col moto dei fluidi e dei corpi celesti; si rileverà bensì potersi meno estendere mediante i calcoli sublimi, ma non con minore utilità anche a siffatte ricerche. Cosa deve essere in fatti un vascello se non un corpo anch'esso, che hassi a supporre di figura qualunque agitato dall'impulso dall'impulso di un fluido elastico ritardato dalla resistenza di un fluido incompressibile, che hà moto di progressione e di sbilanciamento o di librazione intorno ad un asse? Non si ricerca forse di quale figura abbia ad essere dotato, affinche incontri la minima resistenza possibile? So richieggono dunque le espressioni delle leggi di questi due moti, e queste non possono nella loro dovuta generalità essere somministrate se non dalla formula generale. Non si avrebbe dunque che a sostituire in questa l'espressione delle forze acceleratrici e delle ritardatrici. Ma l'impulso del vento nelle vele si risolve in una pressione dell'aria contro un corpo flessibile, la resistenza dell'acqua in una pressione parimenti dell'acqua contro il corpo solido del vascello. Queste pressioni, come

---

$H = A(x + h), H' = A'^{(x+h)^2}$.
Il Sig.^{r} de la Plaze dimostra che l'equazione sopra esposta è generalmente integrabile nel caso in cui è integrabile quest'altra
$$0 = y + \frac{Hdy}{dx} + ec.,$$
e arriva a ritrovar l'integrale di quest'equazioni quando si hà quello della seconda. Questo metodo non si limita alle sole differenze infinitamente picciole, si applica egualmente bene alle differenze finite e alle differenze parziali. Una delle principali difficoltà che si incontrano nell'Astronomia è di far sparire gli archi di cerchio, che i metodi ordinari di approssimazione introducono negli integrali delle equazioni differenziali dei corpi celesti. Questa difficoltà si comprende nella teoria della luna e diviene molto maggiore inm quella dei satelliti di Giove e dei pianeti. Il Signor de la Grange è il primo che abbia dato un metodo sommamente ingegnoso e i Signori D'Alembert e Condorzet ne ànno di poi date bellissime soluzioni. Il Sig.^{r} de la Plaze un nuovo metodo fondato sopra la variazione delle costanti arbitrarie. Nelle ricerche che abbiamo nominate si riconoscerà la necessità e l'importanza delle serie e della perfezione della loro teoria, delle serie ricorrenti, i termini delle quali variano in molte maniere differenti, di quelle che si chiamano dai loro scopritori recurro-ricorrenti. Non è inutile il ricordare qui che i calcoli del Sig.^{r} Eulero, i quali riguardano le serie, la di cui analisi lo hà occupato in quasi tutte le epoche della sua vita, e quelli di parecchi altri Autori e de' celebri Italiani, hanno giovate moltissimo a perfezionare quelle che riguardano immediatamente la maggior perfezione delle teorie astronomiche. Veggansi le teorie dei moti di Giove e di Saturno del Sig.^{r} de la Grange Acc. di Turino, quelle sul moto delle orbite e dei loro nodi che si leggono nelle memorie dell'Acc. di Berlino e di Parigi. Nella teoria del Signor de la Plaze Acc. delle scienze 1784 sulle inegualità secolari de' pianeti e de' satelliti arrivando la precisione sino alle terse potenze inclusivamente delle eccentricità e delle inclinazioni delle orbite, si trova che la teoria non dà alcune inegualità secolari nei moti e nelle medie distanze dei pianeti dal sole, e si serve dei lumi delle teorie, che ne diedero precedentemente l'Euler e la Grange.

abbiamo detto, dipendono dalla velocità di quei fluidi. Ecco dunque in questa ricerca il bisogno dell'espressione generale delle leggi del moto dei fluidi elastici e incompressibili.

Una macchina idraulica, un mulino a vento non differiscono dalla macchina nautica, se non in ciò che in quella è dato ed è immobile il centro di rotazione, e non vi hà moto alcuno di progressione, e vuolsi sapere quale superficie abbiasi a dare alle ale del mulino e alle pale delle ruote, acciò mosse esse dall'impulsione del vento o dell'acqua e pervenute all'uniformità del moto, abbiano la maggior velocità possibile. Ma l'espressione generale e esatta, che di è ritrovata della resistenza e dell'impulso si nei compressibili come negli incompressibili, complicatissima essa sola, sostituita come si è detto in luogo delle forze animatrici di quelle macchine rende si complicata e si difficile l'espressione, che volsi ritrovare dei loro moti, che non v'hà per ora scoperta sublime di analisi, che la possa rendere trattabile. Vedremo altrove quanto nulla ostante la complicazione e la sublimità di sifatti lavoro analitici possano ritrarne profitto le teorie che ànno a giovare alla pratica. Frattanto col mezzo dei calcoli sublimi soltanto[15] furono inoltrate le ricerche interessantissime di questo genere verso quel limite di esattezza e di generalità, al quale possono essere avanzate col soccorso dell'Algebra.

L'Attrazione celeste deve la propria esistenza all'uso che si è fatto de' calcoli sublimi nelle ricerche astronomiche. Chi sa, che non sia riservata a maggiori progressi dell'Algebra anche la scoperta della ragione in cui agisce il magnetismo e la elettricità? Si potrà mai ritrovarla o confermarla, se si travvede in qualche fenomeno, senza il confronto dei risultati dell'esperienza con quelli del calcolo applicato alla ricerca della quantità della forza? Il sogetto, nel quale si può del calcolo a questo fine non deve avere dei rapporti col sistema di un dato numero di corpi che si muovono, come ci verrà mostrato dall'esperienza, e perciò non deve abbisognare della guida e dei lumi delle ricerche generali, che abbiamo abbozzate? Il Sig.^{r} Eulero, al di cui genio analitico non isfuggiva alcuna di queste utilissime viste, nelle sue ingegnose ricerche sulla teoria della calamita, il Sig.^{r} Coulomb, e Wansvinden, e Maupin in simile uso, che fanno di calcoli sul magnetismo e sulla elettricità, vanno forse eccitando delle scintille, che potranno accendere il maggior lume che abbisognerebbe per vedere più addentro e più estesamente in sogetti di

---

[15] Se si propone di ritrovare in trè coordinate l'equazione della superficie curva per le ale del mulino a vento si arriva a un'equazione a differenze parziali, che bisogna integrare affine di avere la relazione dimandata. L'istesso avviene nella equazione della superficie della minima resistenza.

tanto interesse e di tanta oscurità. Intanto quest'uso non fù inutile, ne di mera curiosità al Sig.r Coulomb e Wansvinden nelle ricerche, che essi fecero sulla miglior maniera di fabbricare gli Aghi Calamitati.[16] Quest'uso può presentare dello spirito di sistema, che potrebbe introdursi si facilmente in cotali teorie.[17]

Guardiamoci però che non cada negli eccessi maggior uso, che si facesse de' calcoli in questi sogetti presentemente, che un cotal uso per essere di una conveniente utilità abbisognerebbe più fatti e più osservazioni.

Quanto hò detto su questo proposito ha da valere soltanto a mostrare che i maggiori avanzamenti di queste teorie, e la scoperta delle verità più luminose, suppongono insieme e l'uso de' calcoli sublimi e delle ricerche generali e di molte osservazioni.

L'istesso si avrebbe a dire di un simile uso, che fece l'Eulero ne saggi sulla Teoria generale della luce, ne quali cercò di conciliare i fenomeni colle leggi delle oscillazioni de' fluidi, sulla teoria della propagazione del fuoco, delle leggi della coesione de' corpi e quelle dei fregamenti. Ardirei di chiamare eccessivo l'uso de' sapienti calcoli, che egli fece in queste ricerche tutto appoggiato sopra ipotesi, più tosto che sopra esperienze, se non potesse forse servire a somministrarci un qualche debol lume per vedere l'utilità, che con qualche maggior numero di fatti in sifatti sogetti ne può recare l'uso de' sublimi calcoli.

Facilmente si potranno immaginare le interessantissime ricerche che a quest'ogetto si potrebbero fare. Basti il riflettere che parecchie non potranno essere fatte giammai, se non con la scorta della ricerca generale, e con l'agiuto de' sommi calcoli.

Non è da trascurarsi un altro vantaggio, che ne può procurare l'uso de' calcoli sublimi in ricerche, nelle quali si trascurino alcuni elementi, se non possono essere tutti abbracciati dall'Analisi. Il confronto dei risultati dell'esperienza, che si potrebbe fare in qualche sogetto con quelli della teoria analitica ci potrebbe far conoscere il valore dell'influsso delle cause che si negligessero. A quanti sogetti questo metodo non sarebbe utilissimo! Nella teoria de' fluidi per scoprire la forza della

---

[16] Memorie premiate dall'Acc. delle scienze.
[17] COULOMB, Observations théorique et expérimentales sur l'effet des Moulins à vent, et sur la figure de leurs ailes, Mémoires de l'Académie Royale des Sciences, 22 Déc. 1781, p.65 – 81.

tenacità, nella meccanica per iscoprire la quantità dell'attrito ec... D'onde si dedurrà facilmente non potersi giammai tanti vantaggi ottenere se non col mezzo delle teorie e dei calcoli che abbiamo fin ora descritti.

Adunque non vi sarà cred'io più da temere che l'uso delle teorie astratte, che fino da principio abbiamo esposte, ne l'uso di tanti calcoli, comunque sieno laboriosi, prolissi e sublimi fatto nelle ricerche e nel modo e per quegli ogetti brevemente descritti e accennati ben lontano dal pregiudicare a una sufficiente e possibile esatezza e precisione, non sia anzi uno de' mezzi coi quali si possa, o nel cercare la causa, o nel misurare la qualità degli effetti, abbracciare più e più casi e cosi appoco appoco avvicinarsi a comprendere ne computi algebrici quel numero di elementi che abbisogna per calcolare non delle chimere, ma degli esseri reali e per obbligare, per dir così la natura, a palesarci de' suoi più gelosi segreti. Ecco dove vanno e anderanno a terminare tanti volumi di calcolo, ne quali si potevano temere avviluppate, difformate e perdute le teorie travagliate dal Newton e da tanti celebri uomini con poco più degli ordinari calcoli differenziale e integrale.

Saremo dunque sicuri non esservi eccesso alcuno negli usi fin'ora descritti in quanto che l'Analisi molto lunga e molto elevata potesse reccar qualche danno nella giustezza delle verità. Non ci rimarrebbe dunque che a mostrare, se nell'uso di quei calcoli vi sia dell'eccesso in quanto che tutti quei vantaggi ancora si potessero conseguire più facilmente con più di sintesi e con l'esperimento.

E difatti riguardo alla Sintesi si avvrà veduto che abbisognano tanti calcoli soltanto per voler partire dal caso generale. Partendo dai casi particolari semplici, si può salire fino ai più generali con molto minor calcolo, almeno in moltissimi casi. Col metodo, che abbiamo indicato per determinare le leggi del moto di un corpo di figura qualunque e dei fluidi, abbisognano i principj almeno del calcolo delle variazioni. Il Sig.r D'Alembert col semplice suo principio di Dinamica e parecchi altri autori arrivano alle formole generali delle espressioni di quei moti con le ordinarie e piane teorie del calcolo differenziale. Negli usi adunque del calcolo delle variazioni potrebbero ritrovare del superfluo o dell'eccesso. Molti altri si potrebbero addurre di simili esempi dei eccessi. Ma vedremo che i vantaggi, che da quell'uso si ritraggono senza di esso non si potrebbero certamente conseguire. Convenuti già della necessità di quei calcoli volendo partire dalla ricerca generale non vi vol molto a rilevare essere cosa più vantaggiosa partirsi dai casi più generali, che dai particolari e semplici. Questo metodo, che hà dei rapporti colla sintesi serve a quella guisa, che può servire a un viaggiatore ardito un debol lume, che nelle tenebre della notte non gli scopra il cammino, che a picciola distanza, egli vedrà i precipizi e camminerà per strade siccure, ma non vedrà la meta de suoi viaggi, ne le vie che ve lo posson guidare. La ricerca generale, ossia il metodo che abbiamo esposto e che si potrebbe chiamare affatto analitico è un lume che scopre dall'alto un vasto orizonte, le mete a cui dovrebbe arrivare, i precipizi frapposti, mette il talento combinatore nelle più felici situazioni per spiccare i voli arditi del genio, per iscoprire e afferrare quegli anelli, che servendo a comunicare le catene immense nelle quali si diramano e si estendono tutte le velità, un solo basterebbe alla scoperta e alla perfezione di una scienza. Infatti i più rapidi avanzamenti nelle sublimi teorie, che abbiamo abbozzate, e le scoperte di elevatissime verità non si videro, che dietro le traccie di questi metodi. Non sarebbe forse, dice il D'Alembert, il troppo attaccamento per la Geometria antica (o pel metodo sintetico) che gli inglesi non hanno fatto in Matematica dopo la morte di Newton tutti i progressi che si avrebbero potuto aspettare da loro?

Oltre a ciò si veggano nella Dinamica di quest'Autore e nel trattato dei corpi rigidi del Signor Eulero e di altri celebri Autori per quanti teoremi conviene passare per giugnere allo scoprimento delle verità generali. Ora tutti quei minuti e penosi detagli, che preparano alle generali teorie non ardirò già di dire che potrebbero per il loro troppo numero renderle meno certe, ma si potrà ben vedere che vengono risparmiati col metodo interamente analitico, il di cui lavoro poi sarà in molti casi meno prolisso e meno faticoso del sintetico. Questo però non si hà da escludere. Vedremo che vi sono delle circostanze nelle quali è meglio partirsi da casi semplici. Oltre tutti questi vantaggi, che sono assai da rimarcarsi queste teorie lavorate con calcoli sublimi, ne possono reccare degli altri ugualmente grandi. Possono darsi dei lumi per dimostrare quelle verità sinteticamente, che senza di esse non si saprebbero in altro modo ritrovare, e renderle così alla portata di quelli massimamente, che come vedremo non devono ignorarle, ne devono, per apprenderle, far uso di tanto calcolo, e ai quali non è neppure necessario il risultato preciso di queste teorie. In fine non è inutile certamente che vi sia ancora questo metodo affatto analitico e basterà solo non abusarne.

Dal fin qui detto adunque risulta non potersi chiamare eccessivo l'uso del calcolo nelle ricerche sopraccennate di Fisica, ne anche in quanto che si potesse risparmiarne una qualche porzione usando un poco più di sintesi. Passiamo ora a vedere se ve ne potesse essere in quanto, che più vantaggiosamente si potessero usare degli sperimenti.

Il calcolo, come si sa, hà il vantaggio riflessibilissimo di porgerne colle sue formole ridotte alla massima loro semplicità le leggi dei rapporti delle quantità in tutti i casi possibili. Ritrovata, per esempio, col calcolo la natura della curva, che devono descrivere i pianeti intorno al sole e i satelliti intorno ai loro primarj con pochi tratti di penna si determinerà il luogo, la velocità che averà ciascuno in qualunque giorno, o momento del tempo. Ritrovata la legge della resistenza di un corpo qualunque con semplicissime operazioni di calcolo sin determinerebbero le resistenze per qualunque altro corpo. Ritrovata la natura della curva da dare a uno specchio ustorio, ad una lente, che abbia la proprietà di riflette o rifrangere i raggi, o in un punto ad una data distanza, o in una data curva data con poche semplicissime meccaniche operazioni di calcolo si potranno applicare a mille casi, che possono, occorrere per i comodi ed usi della società. Con l'esperimento non si possono in molti casi e in parecchi altri difficilmente si possono raccogliere tanti vantaggi. Volendo con gli esperimenti rilevare quelle verità non si avvrebbero forse a istituirne tanti quanti sono i casi da risolvere? E per rilevarle con esattezza quante precauzioni non si hanno a prendere, quanta arte, quanta finezza e sagacità di spirito non esigerebbe lo sperimento? Qual finezza negli stromenti e qual lavoro? Non si possono prescriver regole per ben sperimentare. Prestate un'attenzione scrupolosa, non negligentate nulla di ciò che è necessario per riuscire. Si ha detto tutto, ma guardiamoci dal credere che ciò basti ad ottenere una felice riuscita. Come non trascurare alcuna delle necessarie condizioni? La mancanza di una in quanti paradossi non ci getta, in quante questioni, in quanti sistemi non ci imbarazza?[18], e come evitare la causa di questi mali, come fare a computar tutti i casi?

Vi dovrà dunque essere un limite si nell'uso degli sperimenti, come nell'uso de' calcoli, e dovrà esser quello stabilito dal massimo vantaggio, che dovrà risultarne. Ora potrebbe sembrare aversi sorpassato questo limite nell'uso del calcolo, che fin'ora abbiamo esposto. Abbiamo detto che il calcolo ne porge le leggi dei rapporti delle quantità in tutti i casi possibili colle sue formole ridotte alla massima loro semplicità. Sopra di che è necessario riflettere che senza di questa semplicità non si potramno giammai ottener quei vantaggi, che abbiamo annunziati, e che ci farebbero preferire all'esperienza l'uso del calcolo. Si arriva a risultati complicati

---

[18] Vedi Boyle il più grande osservatore, trattato sull'incertezza del successo delle sperienze.

ogni volta che la ricerca è complicata ed ha pochi dati. L'uso adunque del calcolo in questi casi si potrebbe chiamare eccessivo per la ragione che a quei dati che mancano, o che erano necessari per ottenere formole semplici e finite (come si ottengono ordinariamente con l'uso di poco calcolo e con molti sperimenti) si ha voluto supplire con calcoli sublimi.

Di questo eccesso potrebbe peccare l'uso del calcolo, che si fa nelle ricerche della resistenza e del moto de' fluidi, della Nautica, dell'Astronomia ec... L'ostinazione nel voler trattare si fatti sogetti col minimo numero e di dati fisici, ci trae e ci impegna in calcoli si laboriosi, si lunghi e si sublimi, che ben lontani dal poter compensare fino le fatiche di chi li coltiva non possono neppure essere intesi dal comune de fisici.

Ma riguardo all'Astronomia riflettiamo che l'uso di quei calcoli nelle teorie astronomiche mira a scoprire e a dimostrare l'esistenza dell'attrazione celeste. Questa caso cadrebbe in quello, in cui bisognerebbe far uso più che si può del calcolo, e meno dell'esperimento. Un picciolissimo termine, che si trascurasse, un errore di osservazione, in cui è si facile cadere, e per l'inesatezza degli strumenti, e per l'imperfezione de' nostri sensi, basterebbe per farci conchiudere ingiustamente contro di quest'attrazione. È noto il pericolo, che ha corso in Francia questa scoperta di Newton, se co' suoi calcoli il Clairaut non l'avesse sostenuta e comprovata.

E riguardo alla ricerca del moto e dell'azione de' fluidi, l'esperienza cosa ci offre essa mai, se non dei lumi molto deboli ed imperfetti? L'esperienze sulla resistenza, per esempio, fatte prima dell'epoca delle celebri dei trè valorosi matematici di Parigi, quale agiuto poteron prestare a chi volle prepararne una teoria esatta e luminosa? Le confrontò pur tutte il Signor D'Alembert?[19]

Hanno potuto per questo risparmiarli de' calcoli? hanno potuto rendere le sue formole dell'urto o pressione de' fluidi atte a rilevarne la quantità, non dico in ogni caso o per qualunque figura de' corpi resistenti, ma neppure nei casi e nelle figure più semplici? Non si avvanzò in proporzione la teoria delle resistenze ne anche dopo i risultati dei molteplici ed esatti sperimenti dei Signori D'Alembert, Con-

---

[19] Saggio sulla resistenza de' fluidi del Sig.r D'Alembert.

dorzet e Bossut da essi chiamati in agiuto dei loro calcoli. Non bastaron a conformare le formole alla semplicità richiesta per dedurne de' convenienti lumi. Mostraron sortanto che cotali ricerche sono di quelle, nelle quali per avere le leggi della natura espresse inm formole algebraiche tanto più vantaggiose, come vedemmo, sopra gli sperimenti, non bastano ne i progressi delle ricerche generali fatte coi calcoli, ne la cognizione di più dati procurati dall'esperimento. Comparve infatti a questo tempo l'ingegnosissimo metodo del Signor Condorzet, che pure non gli bastò per inferire da suoi sperimenti le leggi della resistenza dell'acqua[20] vennero a misurarsi con essi e con la teoria del D'Alembert anche i talenti dell'Eulero e dell'Ab. Bossut, e non arricchirono questa scienza che di qualche bel teorema, e alle comode antiche teorie non aggiunsero che qualche grado di esattezza.[21]

Ma se l'esperimento avesse anche potuto giovare ad abbreviare i calcoli, in sogetti però si composti, come sono quelli del moto de' fluidi, v'è il prezzo dell'opera in trattarli con molta analisi, e nelle viste indicate. Imperciòche questo metodo può mostrare il sistema d'esperimenti, che si dovrebbero istituire per ritrovar le leggi di quei moti, che si cercano col calcolo. Rilevando con questi calcoli ove più sono necessarj gli sperimenti, si potrebbe ridurre la fisica sperimentale ad un sistema il più atto ad accelerare le scoperte. L'unico mezzo sarebbe questo per formare un piano di un corso il più utile di sperimenti da farsi, ove non vi fossero ricerche inutili, ne di pura curiosità, ove tutto cospirasse ad un fine.

Si può dunque conchiudere con sicurezza che il moto e l'azione de' fluidi è uno di quei sogetti, ne quali è bene andare innanzi più che si può coll'analisi ed anco con l'esperimento, e nei quali per così dire possono giovare fino agli estremi si dell'una come dell'altro. Per alcun titolo io non oserò dunque di chiamare eccessivo l'uso che abbiamo mostrato e che ne fanno sommi uomini, in quanto cioè si potesse soccorrerlo con l'esperimento.

L'istesso ragionamento può estendersi sopra l'uso, che rapidamente hò mostrato potersi fare anche nella teoria delle macchine nautiche, idrauliche ec… Uguali difficoltà si incontreranno nel volere diminuire il calcolo colle equivalenti

---

[20] Vedi metodo analitico di Condorzet per inferire dagli sperimenti le leggi della natura. Esperienze sulla resistenza.
[21] Si veggano le memorie dell'Acc. di Pietroburgo 1760, 1761 e delle scienze di Parigi 1780. Nelle prime il Sig.r Eulero dimostra elegantemente che il solo corpo di figura parabolica incontrerebbe una resistenza come il quadrato della velocità nel quadrato del seno dell'angolo d'incidenza.

sperienze, e si scopriranno uguali vantaggi potersi si l'uno come l'altre prestarsi a vicenda. Altra origine non riconoscono gli avanzamenti dell'arte di fabbricare le navi. La scienza navale del Sig.ʳ Eulero mostra il soccorso qualunque sia, che gli prestò l'uso delle teorie e de' calcoli sublimi. La teoria delle macchine semplici computati i fregamenti delle loro parti e la rigidezza delle corde, che deve al Sig.ʳ Eulero e Coulomb quei progressi che hà fatti fin'ora[22], non attende forse che dai maggiori avanzamenti del calcolo e dell'esperienza la sua perfezione e la sua utilità.

Adunque conchiuderemo non esservi eccesso ne anche in queste ricerche in quanto che il calcolo potesse essere diminuito dall'esperimento.

Prima di abbandonare però i sogetti di Fisica non sarà inutile che qualche cosa io dica sui vantaggi e sulla necessità dell'uso di una porzione sublime de' calcoli differenziale e integrale, che ora si và facendo da celebri uomini nelle ricerche del moto accelerato e ritardato, nella composizione e scomposizione delle forze e delle leggi dell'equilibrio del vette ec… Come queste teorie furono già trattate con poco ed ordinario calcolo potrebbe credersi facilmente eccessivo l'uso che ora si fa di un'analisi più spinosa e delicata.

Le leggi del moto accelerato e ritardato vogliono dire l'espression generale della velocità dopo un tempo qualunque, velocità che vengono espresse dalle ordinate di una curva. È certo che non si può acquistare un'idea chiara e distinta delle curve senza i principi metafisici del calcolo differenziale e integrale.[23]

La composizione e scomposizione del moto fù trattata è vero da alcuni autori senza calcolo differenziale, ma le loro indagini sono avviluppate in lunghe e tediose dimostrazioni, che per conseguenza non lasciano il risultato in quel chiaro lume d'evidenza, che ricerca il sogetto, e come principio fondamentale delle leggi del moto curvilineo e di tutta la Fisico-Matematica. Questi inconvenienti non si ritrovano nelle teorie trattate dal Sig.ʳ Foncenex.[24]

---

[22] Memorie del Sig.ʳ Eulero nell'Acc. di Pietroburgo e dissertazione del Sig.ʳ Coulomb sulla teoria delle macchine semplici coronata dall' Acc. delle scienze di Parigi.
[23] I limiti dei rapporti che restano quando i lati del poligono si confondono con la curva ci danno le proprietà della curva medesima. Il calcolo differenziale e le sue nozioni consistono appunto in questi rapporti.
[24] Tomo II. Acc. di Turino.

Stabilite così in generale le leggi del moto, era necessario per la precisione matematica stabilire ancora in generale le leggi dell'equilibrio de' corpi. Questa ricerca supponeva quella delle leggi dell'equilibrio di due masse di differenti grandezze dotate di varia velocità, e questa ricerca suppone o la composizione e scomposizione del moto, o le leggi dell'equilibrio del vette. Per ritrovarle il sopraccennato Autore non ha riguardo d'impiegare il calcolo differenziale e integrale, e con questo calcolo e colla semplice supposizione: *che vi deve essere equilibrio tra due masse uguali attaccate a brazzi uguali del vette*; giunge con tutta l'eleganza a stabilire le leggi dell'equilibrio tra due masse disuguali attaccati a brazzi disuguali del vette. Su queste leggi si stabiliscono poscia le formule generali ... = $Pds, Pdt^2 = ddsec$ ..., che sono la chiave per la soluzione di qualunque problema dinamico, e si stabiliscono senza gli oscuri principj che l'effetto sia proporzionale alla causa, senza la questione delle forze vive; e quelle formole stabilite mostrarono che la Dinamica è suscettibile dell'evidenza della Geometria e dell'Algebra.[25]

§ II. – *Usi nelle ricerche di Astronomia ottica e di Geografia*

Un sogetto dopo quello della Fisica, in cui potrebbe sembrare eccessivo l'uso che ora si fa del calcolo sarebbe quello dell'Astronomia ottica e della Geografia. Ai metodi grafici per calcolare gli ecclissi del sole e le occultazioni delle stelle fisse e dei pianeti cagionate dalla luna si sono sostituiti dei metodi analitici, per potrebbero sembrare penosi e difficili. Ma d'altronde l'uso di questi calcoli quanti lavoro penosi e inesatti de' metodi sintetici non ci risparmia? Detterminate analiticamente, come fa per esempio l'illustre Signor di Sejour, le curve che egli chiama delle fasi simultanee, delle elongazioni isocrone e delle brachistocrone per rilevare tutti i luoghi della nostra terra che vedranno nel medesimo tempo il principio di un'eclissi non si avrà che a supporre nelle equazioni della prima curva la distanza apparente dei centri del sole e della luna uguali alla somma dei loro semidiametri,

---

[25] Metto per certo che le operazioni dell'Algebra godano di tutta la certezza matematica. La mancanza di un ottimo libro di elementi di Algebra fino al differenziale inclusivamente potrebbe lasciare in alcuni dei dubj. Ma la lettura degli Elementi di Filosofia del Signor D'Alembert, alcuni suoi opuscoli, molte memorie, che lasciano nelle Accademie sommi matematici potrebbero sciogliere anche questi dubbj. Non suppone che le ordinarie operazioni dell'Algebra nelle equazioni di secondo grado il calcolo differenziale e integrale, che per tante cose scritte prò e contro, e pel sogetto su cui versa superiore alla capacità de nostri concepimenti potrebbe far temere della sua evidenza. Le difficoltà che s'incontrano nel comprenderlo consistono tutte nella mancanza d'idee nette sui principi metafisici di quel calcolo. Colla definizione, che ne ha data il Sig.^{r} D'Alembert, e colla scorta di pochi lumi da esso sparsi sulla metafisica de' suoi principi si arriva in poco tempo e senza difficoltà ad apprenderlo e a maneggiarlo colla sicurezza con cui si serve il geometra dei primi teoremi d'Euclide.

per rilevar tutti quelli che saranno nell'ombra nel medesimo istante non si avrà che a supporre quella distanza uguale alla differenza de' semidiametri.

Colle equazioni alla seconda curva si trovano i luoghi più vantaggiosi per osservare dei fenomeni, il passaggio per esempio di Venere sul disco solare tanto celebre e vantaggioso per determinare la parallasse del sole. La descrizione meccanica che aveasi a fare di molte curve per avere un numero sufficiente d'intersessioni da paragonarsi trà loro a quanti errori non era sogetta? La detterminazione analitica della condizione generale alla quale deve essere assoggettata l'equazione dei una superficie curva acciò questa sia sviluppabile su di un piano, ha portato di simili vantaggi di esattezza e di eleganza nella teroria delle ombre e delle penombre, e nei metodi di descrivere le carte geografiche.

Ma i vantaggi che ha portato l'uso dell'analisi introdotto in si fatte ricerche non si limitano agli enunziati solamente. Nominarò i principali. I luoghi per esempio ove gli ecclissi saranno anulari o centrali sono dunque determinati analiticamente. Ora, se l'inflessione che soffrono i raggi solari passando presso la luna influisse nelle osservazioni di quegli eclissi, come meglio si potrebbe verificare questa causa e determinare la quantità di questa inflessione e i fenomeni che ne possono nascere, se non con l'analisi, introducendo nel calcolo quest'inflessione e confrontando i risultati analitici con quelli dei una esatta osservazione? Coll'uso dell'analisi soccorsa da esatte osservazioni si sono diffatti scoperte moltissime di simili verità interessanti tutta l'Astronomia, che dai metodi ordinarj certamente sarebbero sfuggite. Tali sono queste sulla inflessione e rifrazione dei raggi solari e delle stelle fisse, sulla rotazione delle macchie solari, sulla maniera di determinare l'inclinazione dell'anello di Saturno, sulla quantità degli errori, cui possono andar soggette le determinazioni del semidiametro del sole, sulla vera parallasse orizzontale della luna, sul di lei moto orario, sugli errori che possono nascere nel supporre la terra sferica e sferoidale, nel fissare la differenza de' meridiani.

L'analisi applicata a questi sogetti è la teoria più sublime dei massimi e dei minimi, è un ramo del calcolo a differenze parziali. La perfezione di alcuni problemi spettanti a quelle ricerche è dovuta all'integrazione, costruzione e determinazione delle arbitrarie nelle equazioni a differenze parziali.[26]

Molti altri simili sogetti vi sarebbero da esaminare, ne quali l'uso del calcolo potrebbe sembrare eccessivo. Tale sarebbe quello per determinare sopra tré sole osservazioni l'orbita di una cometa, nel quale il Sig.^{r} di Sejour, la Grange e la Plaze adoprano analisi prolisse e laboriose. Quanto si hà detto sopra di quelli si potrà applicare a questi e rileveremo i medesimi vantaggi. Non voglio però trascurarne uno, nel quale sebbene meno degli altri avvrebbesi a temer degli eccessi, non potendo in questo ritovare risorse, ne nella Geometria, ne nella Fisica, potrebbesi però temere che i calcoli fossero troppo lunghi. Questo è la teoria della probabilità.

§ III. – *Usi nella Teoria delle Probabilità*

Questa teoria avendo per ogetto di rilevare e di determinare la proporzione tra le ragioni, o condizioni, che stabiliscono la verità di una proposizione, e quelle che ne provano la falsità, si vede a quante utilissime ricerche possa essere estesa.

Le sole regole delle combinazioni matematiche bastano per determinare il numero ed il rapporto dei casi favorevoli e dei casi contrari nei giochi d'azzardo. In queste ricerche col calcolo si arriverà a dei risultati esatti. Non così nelle differenti questioni relative alla Fisica, alla vita comune, cioè alla durata della vita degli uomini, ai prezzi delle rendite vitalizie, alle assicurazioni marittime, alle inoculazioni, e negli altri ogetti simili, mentre in queste ricerche il numero delle combinazioni non si può stabilire esattamente, per non poterlo colla matematica, ma solo coi fatti, che servono di principio, posti però questi fatti, le conseguenze sono inattaccabili. A molte questioni si potrà temere che non sia applicabile con vantaggio il calcolo, lo potrebb'esser, ma soltanto per mancanza di fatti, che ne possano determinare il numero delle combinazioni, di modo che, in parità di circostanze,

---

[26] Eulero nelle sue opere, Memorie dell'Acc. di Parigi, e Tom. IX delle memorie presentate. Memoria del Sig.^{r} Monge sull'espressione analitica della generazione delle superficie curve Accad. di Parigi 1784. Il metodo del Sig.^{r} Eulero per determinare le superficie, che possono essere sviluppate sopra un piano e la sua teoria delle proiezioni geografiche della sfera. Queste opere mostrano l'utilità del calcolo a differenze parziali in siffatti problemi.

coll'analisi solamente delle probabilità si potrà determinare colla massima esattezza la verità.

Quanto si è detto intorno ai vantaggi delle generalità delle ricerche nella Fisica e dei vantaggi che apportano i calcoli sublimi per ben trattarle si potrà dire anche intorno alla teoria delle probabilità supplemento il più felice che si possa immaginare all'incertezza delle nostre cognizioni. E per riguardo alla loro applicazione al problema generale di determinare la probabilità, che l'inclinazione media sopra un piano dato dalle orbite di un numero indefinito di corpi lanciati al caso nello spazio e circolanti intorno al sole, si vedrà la necessità del metodo dell'integrazione delle equazioni differenziali a differenze finite.[27]

A cagione dell'imperfezione di questo metodo il celebre Autore hà dovuto limitarsi al caso di dodici sole comete nell'applicazione che ne fece a questo caso. In forza dei progressi che si fecero in quella teoria avvenne che quellqa delle comete ha qualche grado di meno d'imperfezione delle già esposte dal Sejour ec...[28]

Questi calcoli sono ancora necessarj alla soluzione di molti problemi nei giochi di azardo.

Quando la possibilità degli avvenimenti semplici è cognita, la probabilità dei composti può spesso determinarsi colla sola teoria delle combinazioni; ma il metodo più generale per pervenirvi consiste nell'osservare la legge delle variazioni che essa prova per la moltiplicazione degli avvenimenti semplici, o nel farla dipendere da un'equazione a differenze finite ordinarie, o parziali. L'integrale di quest'equazione dà l'espressione analitica della probabilità cercata. Se l'avvenimento è talmente composto che l'uso di quest'espressione divenga impossibile pel gran numero de' suoi termini e de' suoi fattori, si hà il suo valore per approssimazione col metodo indicato di sopra. Plaze *ibidem*.

---

[27] Plaze Temi delle memorie presentate all'Acc. delle scienze.
[28] La interessantissima ricerca della probabilità da qual causa possa dipendere il maggior numero de' maschi o di femmine, che s'abbia osservato costantemente nascere in qualche provincia o in qualche città abbisogna del metodo generale di ridurre in serie convergentissime le funzioni differenziali, che racchiudono dei fattori elevati a grandissime potenze; di quello di ridurre a questo genere d'integrali tutte le funzioni date da equazioni lineari a differenze ordinarie, o parziali, finite, o infinitamente piccole: dalla determinazione dei valori approssimati di molte formole, che s'incontrano frequentemente nell'analisi, ma che l'applicazione diviene penosissima quando i numeri di esse sono funzioni considerabili (Plaze Memorie dell'Acc. di Parigi 1783).

§ IV. – *Usi nella Geometria*

In alcune ricerche della Geometria delle curve si potrebbe ritrovare affatto superfluo l'uso dell'analisi algebrica, potendo servire la sintesi come servì agli antichi. A ciò io risponderò col Signor D'Alembert: «Non vi sono in Geometria delle difficoltà abbastanza grandi per non farne nascere d'inutili? Per qual ragione impiegare tutte le forze dello spirito su cognizioni, che si possono acquistare con minor fatica? Le proprietà della spirale, che grandissimi matematici non hanno potuto seguitare in Archimede, si dimostrano con un tratto di penna per mezzo dell'analisi. Sarebbe egli ragione voler di consumare un tempo prezioso a esaminar con fatica Archimede, ciò che facilmente si può imparare in altro modo?».

§ V. – *Per quali scienze non sia superfluo lo spirito di calcolo*

Nessuno negherà che o poco o molto calcolo non abbisogni nei sogetti, o quistioni che abbiamo fin'ora accennate, e perciò alcuno non si darà a credere che qualunque uso del calcolo che in esse può farsi sia eccessivo in quanto che sia interamente superfluo. Vi sono però delle scienze, nelle quali non si può usare del calcolo, ma che lo spirito di calcolo, anzi l'abitudine di calcolare mi par certamente che possa essere di grandissimo giovamento. E ciò che me ne persuade è il seguente raziocinio. È cosa certa e dimostrata che l'esercizio del calcolo ben inteso e bene adoperato consiste:

I. Nel paragonare tra loro le idee, nel paragonarne ciascuna ad una seconda cognita, precisa, e chiara, nel paragonarle tutte e in tutti i loro lati.

II. Nel fare un passo alla volta, nel bene assicurarlo prima di passar oltre.

III. Nel fissare il vero significato di ciascun termine. La lingua della matematica potrebbesi chiamare lingua perfezionata, perche i suoi termini corrispondono a idee chiare e distinte.

IV. Nell'esercitare la facoltà immaginativa in quanto che si rappresenta la figura dell'estensione, o delle quantità che vuol paragonare con un'altra per rilevarne il rapporto.

V.   Nel materializzare le idee astratte. Nelle Fisico Matematiche le nozioni le più astratte vengono rappresentate da quantità; per conseguenza fisseranno di più l'attenzione; quindi agevoleranno la facoltà di separare le idee, di astrarle, di paragonare le astratte. Tanto più è necessario questo materializza mento di nozioni, quanto più sarà complicata la idea concreta. In virtù delle nozioni, così materializzate, e dell'esercizio dell'immaginazione alla mente del fisico matematico ogni sogetto delle sue speculazioni e delle sue ricerche si rappresenta sotto una vista facile e sicura per poterla analizzare e scomporre, affine di conoscerne la sua natura e le sue parti.

VI.   Nel far cospirare tutti gli elementi del calcolo, tutti o raziocinj al medesimo fine.

VII. Nel misurare, dirò così, l verità colla quantità di probabilità, che sia o non sia vera una cosa (mentre fino l'evidenza d'una verità si potrebbe chiamar probabile infinitamente, e la verità di nessuna evidenza si potrebbe chiamar probabile di un infinitamente picciolo). Inteso già per cosa probabile infinitamente cosa arrivata ai limiti dell'evidenza, i quali non può certo toccare, finche restavi qualche oscurità.

Questi esercizi continui ne faranno contrarre un'abitudine. Qualunque sia la causa delle abitudini è certo che l'uomo ne contrae molte e di varie sorti. Contrae l'abitudine di prestare attenzione, abitudine di risovvenirsi, di paragonare, di giudicare, di riconoscere. Un effetto generale e principale dei un'abitudine è una certa inclinazione tallora invincibile, a cui ci sentiamo direi quasi involontariamente abbandonati di esercitare la facoltà dell'anima a quel modo istesso, in cui ànno di già contratta l'abitudine edi agire. Non siamo contenti se non quando abbiamo ridotto una composizione alla maniera che l'abitudine ne ha fatto contrarre, non ci piace una produzione se non ha rapporto colle maniere di comporre contratte dall'abitudine. In generale molti, anzi la maggior parte dei gusti proprj, sui quali si modellano le proprie produzioni, e coi quali si giudica del bello delle produzioni altrui non sono altro che effetti dell'abitudine, che abbiamo contratta. Se dunque all'uomo si facesse contrarre un abito, a ciò che può esser di gusto generale, certo che sarebbe di grandissimo vantaggio, anzi un lato sarebbe a cui dovrebbero tendere gli studi della scienza dell'educazione. Adunque l'esercizio continuo delle Fisico-Matematiche ne farà contrarre un'abitudine a tutte quelle maniere di ragionare, di indagare, d'immaginare ec... In tutte adunque quelle ricerche a cui non fosse applicabile il calcolo, ma che la maniera di ben trattarle avesse qualche rapporto col modo con cui si usa il calcolo nella Fisica, nelle probabilità ec… l'abitudine allo spirito di calcolo sarebbe utile. Adunque si dovrebbe vedere se abbiano rapporti col calcolo i sogetti a quali il calcolo non sia applicabile. Questi hanno per ogetto, o di ritrovare la causa dei fatti scoperti dall'osservazione e dall'esperimento, o di ritrovare dei nuovi fatti che aggiungano dei nuovi gradi di perfezione alle cognizioni che abbiamo sui fenomeni della natura. Ora i mezzi de' quali si serve il fisico per ritrovare la causa dei fatti quando non si possono ritrovare col calcolo, i principali almeno e i più importanti, sono e devono essere gli argomenti e le ragioni di analogia, o per dir meglio le conghietture. Nella Fisica e nella Morale questi argomenti di analogia conchiudono sulla vita, sulle sostanze, sull'onore de Cittadini. Un gran Filosofo fa consistere l'arte di conghietturare in medicina nel paragonare una malattia che si deve guarire colle malattie simili conosciute per mezzo della propria sperienza, o per quella degli altri. Quest'arte consiste ancora qualche volta nel rilevare un rapporto tra le malattie che sembrano non averne, ed anche a rilevare delle differenze essenziali, sebben fugitive tra quelle, che sembrassero rassomigliarsi il più.

In Giurisprudenza l'arte di conghietturare la riduce a determinar bene ciò che cade nel caso della legge. Due specie di difficoltà si possono incontrare nel fissar ciò che cade nel cawso della legge l'insufficienza delle prove e la differenza reale, o apparente del caso proposto da quelli, che la legge ha espressamente preveduti. L'arte di conghietturare in istoria hà per base la soluzione di un problema di probabilità, della probabilità cioè dei testimonj, e del grado di fede più o meno grande che vi si deve prestare.

Ora, se vi ha ricerca, o sogetto che più degli altri abbisogni della guida dello spirito di calcolo, anzi che abbisogni dello spirito abituato a vedere le verità assolute e tutti i gradi delle probabilità sono certamente le ricerche accennate, che ànno necessità degli argomenti di analogia, e per le difficoltà che si possono incontrare in tal genere di ricerche, e per l'importanza delle ricerche medesime. Il Filosofo poco fa accennato per dimostrare la delicatezza e la prudenza con la quale debbono essere trattate, mostrò che si potrebbe fare un'opera, che vorrebbe essere chiamata antifisica[29], e nella quale supponendo i fenomeni tutt'altro da quel che sono, si

---

[29] D'Alembert Eclaircimens sur les élémens de Philosophie.

dassero nel medesimo tempo delle spiegazioni sì evvidenti in apparenza, che il fisico ed anche il geometrqa il più difficile dovesse esserne soddisfatto.

Non so se più di questo Dizionario potrebbe l'abitudine alla maniera di ragionare nelle Fisico-Matematiche guarire o correggere almeno tanti de' nostri fisici, che su di una apparente analogia formano sistemi e decidono, come se fossero conseguenze di un teorema, o di un principio evidente.

CONCLUSIONE

Dai cinque paragrafi precedenti risulta che nell'uso che si fa del calcolo nelle descritte ricerche di Fisica, nei sogetti dell'Astronomia ottica, della Geografia, delle probabilità, e nella Geometria delle curve non vi sarebbe certamente eccesso alcuno in quanto che tutti i vantaggi, che da quell'uso si ottengono ottener si potessero con meno calcolo, con più sintesi, o con l'esperimento, o colle costruzioni grafiche, o in altro modo; e che giovevolissimo sarebbe ancora lo spirito di calcolo, anche per le altre scienze indicate, e nelle quali non si può usare dell'analisi; e che perciò affatto superfluo non potrebbe essere neppure per queste.

Si potrebbe però temere che e l'uno e l'altro fosse eccessivo, riguardo ai danni che possono derivare dall'uso di questi gran calcoli, e dallo spirito abituato al calcolo. Quindi è che siamo costretti a esaminare anche i danni che si potrebbero temere prima di asserire che non vi è eccesso in alcun senso.

ARTICOLO II

Danni dell'uso e dello studio del calcolo

Convien confessare essere per verità voluminosa la massa nella quale vanno a raccogliersi tutti quei calcoli, che si usano nelle ricerche che abbiamo esposte, e che i principj metafisici, che insieme li legano e formano ormai di tutte quelle parti un tutto insieme connesso e quasi perfettamente organizzato le ànno già impresso il carattere di una scienza sublime; e perciò potrebbesi temere che tanto calcolo avesse a esaurire troppo tempo. Ma convien prima riflettere che non fa duopo d'apprendere tutta questa massa di analisi, ne è difficile ridurla a minor volume, e renderla meno astrusa e più piana. Il calcolo per sua natura può ridursi a certe formole generali, imparate le quali si hanno già appreso volumi di calcolo. Per integrare ad esempio potrebb'essere perfezionato il metodo generale, che tentò l'Eulero. Il marchese di Condorzet, Lexel ec… vi travagliano, e mercé i loro lavoro si hanno dei criteri per conoscere se le formole siene integrabili, o se le sieno soltanto per approssimazione.[30]

Imparato lo spirito di Analisi, ovvero la sua metafisica, non essendo necessario di apprendere la integrazione delle equazioni che abbisognano, potrebbe servire un Dizionario ove fossero tutte le formole integrate, e a cui ricorrer si dovesse per aver tosto il risultato di quelle che sono già fatte e che occorrono nelle soluzioni de' problemi. Si sa che il calcolo detto propriamente differenziale e integrale diviene un corollario del calcolo a differenze finite. Generalizzando anche nelle ricerche dell'Analisi, come si è fatto nelle ricerche fisiche, la scienza del calcolo potrebbe divenire più facile e meno prolissa. Ma molto ancora, soggiunger assi, ci vorrebbe per apprenderla, sublimi e laboriosi sarebbero i calcoli che abbisognerebbero a quelle ricerche, e perciò si potrebbe temere che fosse ancora soverchiamente lungo e perciò avesse a portar un ritardo grandissimo nell'acquisto delle verità. Primo danno.

Da alcuni si hà temuto che la diffusione e l'uso di questi calcoli a tante facoltà e in tante ricerche, ne potesse portare di altri gravissimi danni.

Abbiamo bisogno di ogni sorta di scienza e per nostra fatalità le più essenziali e le più utili sono le meno suscettibili di certezza. Ve ne ànno di quelle che ànno per ogetto delle idee complicate e nella discussione delle quali bisogna farci delle definizioni e per così dire delle idee nuove. Nelle scienze, il di cui fine è d'insegnare come si deve agire, l'uomo può, come nella condotta della vita, contentarsi di probabilità più o meno forti, e allora il vero metodo consiste meno nel cercare delle verità rigorosamente provate, che nello scegliere trà proposizioni probabili, e sopra tutto nel saper valutare il loro grado di probabilità. Forse accostumandosi a delle verità dimostrate e formate di idee semplici e determinate con precisione

---

[30] Tomo IV Accad. di Turino. Ricerche di Condorzet, che riguardano la soluzione generale ed analitica di questo problema: un'equazione differenziale a differenze infinitamente picciole e che ammette una soluzione generale essendo data, ritrovar l'integrale. La teoria dei criteri per conoscere l'integrabilità delle formole differenziali si trova nei Tomi 1770, 1771 dell'Acc. di Pietroburgo del Lexel e dell'Eulero. I metodi di questo grandissimo uomo per distinguere le somme degli integrali coi differenti ordini e coi differenti numeri di variabili per ridurre queste, quando hanno certe forme, a integrazioni ordinarie, per dare i mezzi di richiamare a queste forme, col mezzo di felici sostituzioni quelle che se ne allontanano. Metodi che egli ha scoperti nelle proprietà delle equazioni a differenze parziali.

non saremo abbastanza colpiti dalle verità di un'altr'ordine, che hanno per ogetto delle idee più complicate; forse ci farà prendere dal disgusto per tutto ciò che non sia suscettibile di evidenza. Forse ci farà ridurre a un picciol numero di verità[31] generali de' primi principj, ciò che possiamo sapere sulla metafisica, sulla morale, sulle scienze politiche, e di questo modo ci farà restringer di troppo il campo ove lo spirito umano può esercitarsi; rendere l'ignoranza presuntuosa, mostrandole tutto ciò che essa non conosce come impossibile a conoscersi, abbandonare la dubbio e all'incertezza questioni importanti all'umana felicità. Inconveniente tanto più grande quanto, che molti uomini sono interessati a far credere che queste questioni non possono avere de' principi certi, per risservarsi, dice un celebre pensatore, il diritto di deciderle secondo le loro viste personali o i loro capricj. Secondo danno.

Dove si usa molto calcolo si fanno ancora molte di quelle operazioni, che sono mere operazioni meccaniche, e perciò si potrebbe temere che rintuzzino l'attività dello spirito e insteriliscano lo spirito metafisico, quello della Poesia ec… Terzo danno.

Allo spirito si dà il titolo di spirito sagace quando è pronto a concepire. Lo spirito di calcolo, come quello che lentamente penetra, volendo prima analizzar tutto, sembrarebbe che potesse pregiudicare allo spirito sagace abituandolo a questa lenta analisi. Quarto danno.

Quello ancora che si chiama bello spirito, che consiste nella chiarezza e nel colorito dell'espressione e nell'arte di esporre le proprie idee, a questo spirito superficiale, che perche appunto superficiale piace generalmente, dice un Autore, essendovi più giudici di parole che di idee potrà certo pregiudicare lo spirito di calcolo, essendo questo uno spirito abituato ad analizzare e a profondare e a non fermarsi alla superficie. Quinto danno.

Se si esamina in che consista lo spirito fino, si potrebbe temere che a questo altressi potesse pregiudicare lo spirito di calcolo. Questo fa un passo alla volta, espone ed esamina tutte le idee intermedie. Quello al contrario salta le idee intermedie necessarie per far concepire quella che si offre. Si chiama idea fina difatti

---

[31] Rimprovero dato al Sig.r D'Alembert. Vedi suo Elogio nelle memorie dell'Accademia delle scienze.

quella, che non si concepisce senza qualche sforzo di spirito e senza una grande attenzione. Sesto danno.

Articolo III

Delle vere cagioni di questi danni, e come si possano evitare

Da quanto abbiamo detto nell'Articolo I. non si può conchiudere che abbiano ad esser tutti grandi calcolatori per esser grand'uomini e riuscire nelle varie scienze cui si applicano. Quindi io veggo tosto che il primo male sarebbe tolto, se l'uso de' gran calcoli fosse il sogetto degli studj soltanto di pochi grand'in[ge]gni, di alcuni per esempio trà quelli che compongono i corpi di quelle società istruite apposta per estendere e perfezionare le scienze. Dai pratici poscia, dai studiosi della Fisica, della Medicina, della Morale Filosofia si usasse di calcolo quella sola porzione che puù servir loro per ottener quei vantaggi, che senza di esso non potrebbero conseguire.

Parmi ancora che sarebbe tolto il secondo male, se i matematici fossero al tempo stesso filosofi, che hanno per canoni irrefragabili: che in questo infinito numero di cose, in questo stato di tenebre e d'imperfezione dee l'uomo contentarsi della probabilità: che l'evidenza è raramente per noi, che invano la cerchiamo negli affari un poco complicati della vita civile e morale e che, quallora la retta ragione ci fa uscire dallo stato di dubbio, dobbiamo senza esitare appigliarci ad un probabile partito.

Il terzo è un di quei danni che porta seco la maggior parte delle scienze e che sono inevitabili, potrebbe però esser molto diminuito se si facesse dell'Algebra un istrumento soltanto per ritrovare delle verità, se non si adoperasse che quando se ne riveli l'assoluto bisogno.

Riguardo al quarto danno bisogna esaminare se il male, che ordinariamente si crede derivare allo spirito metafisico, alla poesia ec… possa avere altre cause affatto estranee. E primieramente osservo che bisogna che l'uomo, che le coltiva, abbia lo spirito giusto e una conveniente attenzione.

Vi sono stati dei geometri metafisici, e un Filosofo li paragona a un uomo che abbia il senso della vista contrario a quello del tatto, o in cui il senso del tatto non si perfezionasse che a spese dell'altro. Questi metafisici, se in una scienza ove è sì facile non esserlo, sono cattivi metafisici, si potrà dire bensì che lo spirito di calcolo non forma lo spirito metafisico, cioè lo spirito acuto e giusto, ma non si potrà negare che inm parità di circostanze quello, che avrà sortito dalla natura uno spirito giusto e lo avrà coltivato nelle Fisico-Matematiche non possa fare maggiori progressi nelle scienze. Stabiliremo dunque che s'abbia a supporre eguale aggiustatezza di spirito in quella parte che dipende dalla natura, negli uomini che si applicano alle varie facoltà, e resterà dimostrato che negli uomini dottati di egual giustezza di spirito il calcolo potrà giovare.

Oltre lo spirito giusto hò detto che gli fa duopo conveniente attenzione. E infatti potrebbe essere che l'uomo fosse in necessità di prestarne una parte ad altri ogetti di uguale importanza, essendo certo che la cognizione che in noi fa nascere l'attenzione è cosi viva che assorbe per così dire tutte le altre, e sembra ella sola occupar l'anima, e empirla tutta intiera. Ciò posto il gusto fino della poesia, le di cui qualità principali sono l'immaginazione, il sentimento, e l'armonia consistendo nella situazione in cui desidera di esser l'uomo delle sensazioni, o percezioni che all'occasione della lettura di produzioni poetiche sim risvegliano o dovrebbero risvegliarsi, per sentire di quella piacevole situazione, converrà dunque che l'anima presti la sua attenzione a quei moti, affinche oli possa sentire; ma come può mai sentirli nella loro assoluta totalità, quando la di lei sensibilità è assorbita da altri moti? Tutte le altre circostanze parj l'esercizio continuo del calcolo non potrebbero dunque pregiudicare allo spirito delle altre scienze, se non in quanto che l'attenzione del calcolatore fosse tutta sopra gli ogetti favoriti delle Matematiche. La perdita di gusto per la poesia, l'essicazione dello spirito per la bella letteratura, che si hà attribuito generalmente allo spirito di calcolo forse riconosce la medesima causa. Alla troppa attenzione che prestava alla Metafisica si deve attribuire la noja, che sentiva Malebranze alla lettura dei bei pezzi del Racine. Quei matematici, diffatti, non intieramente occupati nelle Matematiche, ma che l'attività delle lor anime versava ora su di una, ora sopra di un'altra cosa, non, come i Malebranze, si ritrovarono insensibili al bello. Lo sentivano e lo facevan sentire col bello stile e coi versi il Cartesio, il Leipnizio, Pasqual, Manfredi e il Galileo.

Vi sono poi delle operazioni dello spirito, per eseguire le quali non basta lo spirito giusto, ne tutta l'attenzione, ne l'abitudine matematica di astrarre, di combinare ec… Per esempio le operazioni che abbisognano allo spirito per giocare. Lo spirito di gioco il D'Alembert è uno spirito di combinazione rapida, che abbraccia d'un colpo d'occhio, e come in maniera vaga, un gran numero di casi, de' quali alcuno può anche sfuggirli perche egli è meno sogetto a regole, perche non è che una spezie d'istinto perfezionato dall'abitudine. Il geometra al contrario può darsi tutto il tempo necessario per risolvere i suoi problemi. Il giocatore deve risolvere i suoi sul momento, non è dunque sorprendente che un gran geometra sia spesso un giocator mediocrissimo.

Lo spirito sagace suppone degli studi più freschi, delle questioni sulle quali si fa prova di sagacità. In generale si hà tanto più di sagacità, quanto più profondamente e più di fresco vi si è l'uomo occupato.

Il bello spirito ossia la maniera di ben esprimere le proprie idee si acquista nel mondo.

È ben certo però che anche nelle mentovate operazioni dello spirito tutte le altre circostanze pari lo spirito di calcolo non potrebbe pregiudicare.

CONCLUSIONE DEL II. E DEL III. ARTICOLO

La conclusione del secondo e terzo Articolo sarà dunque; che acciò non vi sia eccesso nell'uso ne lo studio del calcolo riguardo ai danni che ne possono venire: bisognerà I. che la quantità e la qualità del calcolo, che può usare il fisico-matematico di professione non sia quella che deve apprendere ne usare l'allievo nelle Fisiche, ne l'utile pratico, ne il medico, ne il metafisico, ne il moralista ec... II. che da essi non si trascuri alcuna di quelle cognizioni, ne di quegli esercizj che abbiamo veduto non dovere esser disgiunti dall'uso del calcolo.

Acciò dunque l'uso e lo studio del calcolo possa reccare il massimo vantaggio possibile considerato in tutti i rapporti, e nessuno o almeno il minimo possibile danno, e per conseguenza ne nell'uso, ne nello studio del calcolo siavi il più picciolo eccesso bisognerebbe vedere di quanto e di qual calcolo, in quai sogetti, e come debbano usare le varie classi che si dedicano alla coltura delle scienze e delle arti.

Parte Seconda

DEI GIUSTI CONFINI ALL'USO E ALLO STUDIO DEL CALCOLO, E DELLE REGOLE PER STABILIRLI

Per gli Algebristi

Il calcolo (Art. II: Part. I.) forma ormai una scienza, che si può in qualche parte render più semplice e in qualche altra sviluppare ed estendere più oltre. In due maniere si può questo vantaggiosamente ottenere, o coll'uso del calcolo o colla metafisica del calcolo medesimo. Questa consiste in quella metafisica luminosa che ha guidato gli inventori a stabilire quelle regole o maniere succinte di esprimersi, a cui riducesi l'Algebra, come i veri principj della Grammatica consistono nella metafisica delle idee dietro le quali si stabiliscono le sue regole.

L'analista adunque dovrà esaminare primieramente ove convenga usare della metafisica più tosto, che del calcolo.

Talvolta l'uso di questo in luogo di quella oscura le teorie, e vi porta lo spirito di cavillo e di contesa. In questo spirito l'amore delle proprie opinioni arriva a impegnar l'uomo fino a spendere sopra una parola quel tempo e a impiegar quell'industria, che non avrebbero forse richiesto le più utili e le più belle scoperte. Altri effetti inevitabili sono i grossi volumi, ne quali vogliono essere stemperate le teorie oscure. Il carattere della verità, massimamente delle elementari, è di essere semplice. Guai ai progressi delle scienze, se si dovessero scorrere dei volumi per apprenderne i soli elementi. Un altro effetto, che è tanto pernicioso quanto è un effetto necessario delle teorie oscure, si è la faragine di libri elementari di calcolo. Una delle ragioni per cui si stampano tanti diversi elementi, ne si stampano senza dire nella Prefazione più o meno male degli altri Autori, è perche non si è veduto chiaro, pe4rche la verità principale, e per così dire la capo-verità non si è afferrata, avendo voluto più tosto usare del calcolo in luogo di una buona metafisica.

Pei Fisico-Matematici

Non mi pare impossibile che i fisico-matematici possano convenir tutti in un metodo e in un sistema per le indagini Fisico-Matematiche. Ciò agevolerebbe di molto la cognizione delle teorie. La libertà di appigliarsi a qualunque principio nella soluzione de' problemi hà fatto che s'abbiano molti principj e molti metodi, ma non maggiori verità. Ciò al più ha servito per facilitare la soluzione di alcune questioni.

Dall'Artic. I. della prima parte si deducono le seguenti regole generale, che possono servire ai fisico-matematici per non usare eccessivamente del calcolo.

REGOLA I.

Bisognerà che il sogetto sia tale che trattandolo col metodo affatto analitico ne possa porgere alcuna di quelle verità generali, simili a quelle che si sono dedotte dalla teoria dei fluidi travagliata con calcoli sublimi. Oppure bisognerà che il metodo analitico sia valevole, se non altro, a indicarci la qualità e la serie di sperimenti i più proprj per delucidare e rendere utile quanto più è possibile la quistione.

Questa perciò dovrà esser nuova, non quella del moto dei fluidi, non quella di una macchina nautica, non quella delle corde vibranti, ne alcune di Astronomia. Per questi sogetti abbiamo già, come vedemmo, le teorie che bastano e non si farebbe che moltiplicare superfluamente l'uso dei laboriosissimi calcoli, che esse richieggono. Se si avesse ora a versare su di queste pare certo che maggior vantaggio si ritrarrebbe, cercando più tosto di dimostrarle, se fosse possibile, con meno di calcolo, o meno sublime, o per mezzo del metodo sintetico, o col risultato di qualche sperimento. L'Algebra, come si può dedurre da quanto si è provato fin'ora, è un istrumento per ritrovare con sicurezza le verità, o i mezzi più atti a farcele conoscere, e per scoprire i limiti che potrebbero esser posti allo spirito indagatore. Ma queste verità, questi limiti, una volta trovati e conosciuti dai pochi, che hanno la fortuna di essere iniziati nei misteri della scienza analitica, devono poi essere, dove si possa, resi accessibili anche dalla comune intelligenza.

REGOLA II.

Bisognerà vedere se il sogetto esiga tutta l'esatezza. Il bisogno di quest'esatezza dovrà esser dedotto dai vantaggi che essa può produrre, e questi si dovvranno cercare non solo nel sogetto medesimo, ma ancora nei rapporti che esso può avere con altri. Bisognerà poi vedere se quest'esattezza ottener si possa usando degli sperimenti e se sia essa combinabile coi loro risultati. Oltre a ciò, bisognerà esaminare se il risultato dell'esperienza sia uno di quelli che dà al calcolo quella fecondità di principj e di verità, che suole riconoscere da alcuni come dalla pressione de'fluidi uguale da ogni parte e dall'uguaglianza trà l'angolo d'incidenza e quello di riflessione ec... Con questi soli dati è ben noto quante belle ed utilissime e complete teorie sappia sviluppare l'analisi. Potrebbe l'uso di qualche verità d'osservazione, o d'esperienza nel diminuire la quantità del calcolo, levargli anche di quella forza e di quel dominio legitimo che avrebbe senza di esso sopra un'estensione maggiore di sogetti, e privarci cosi delle tante cognizioni che maggior calcolo agevolmente ne svelarebbe. Ove molti sperimenti possono esserci di guida siccura si è negli effetti troppo complicati, o poco conosciuti della natura.

Pei Pratici, e per gli Allievi nelle Fisico-Matematiche

Il calcolo poi e le ricerche, nelle quali dovranno usarne quelli che si vogliono applicare all'utile pratica e ad istruirsi della buona Fisica dovrà essere tale, che possano apprendere nel tempo a loro assegnato dal miglior piano di educazione il massimo numero di verità colla minima inesatezza possibile e colla massima facilità.

Ben lontano dal conseguimento del primo vantaggio sarebbe certamente l'uso del calcolo nello sviluppare la formula generale applicandola alle varie parti della Fisica ec... Ma non crederemo già che neppure il metodo sintetico vi possa sodisfare. Abbiamo detto quanto tempo esiga, quanta fatica e fin dove possa estendersi con profitto. Adunque vi dovrà essere un limite particolare, relativo ai vantaggi esposti, nell'uso che avrassi a fare dai pratici e dagli allievi nella Fisica, del calcolo e della sintesi.

Si ammira l'uso utilissimo che fanno di questa alcuni industriosi talenti. Talvolta un solo teorema basta per risparmiare lunghissimi calcoli, e per sviluppare di bellissime teorie. Per esempio da due soli teoremi ha derivato il Frisi una facile e semplice soluzione del problema della precessione degli equinozi, uno de' più delicati del sistema del mondo. Si avverta, doversi però cercar prima se questi teoremi si possano dimostrare col calcolo, come i due, per esempio, del mentovato Autore, che riguardano la conservazione della stessa quantità de' momenti e la composizione dei moti di rotazione. Imperciòche talvolta la dimostrazione sintetica de' teoremi esige, come abbiamo detto altrove, delle lunghe e tediose indagazioni e facilmente si possono dedurre analiticamente. Molti di questi teoremi potrei dimostrare senza difficoltà con l'uso della formula (Introduzione). Servano quelli indicati al principio della prima parte intorno alla conservazione delle forze vive.

Pei pratici e per gli allievi talvolta potrebb'essere minor malem il servirsi dei metodi indiretti, che impegnarsi nello sviluppo dei diretti. Col metodo, per esempio, indiretto del Newton si evitano le difficoltà e i lunghi calcoli che s'incontrano nel dedurre le equazioni del moto della luna e degli altri pianeti dall'equazione generale del problema dei tré corpi e arricchisce le scuole di una teoria facile dei moti di quei cforpi. Valga ciò per mostrare quello che avrei a dire sù tutte le altre parti della Fisica ec… Talvolta potrebbero giovare ancora alcuni principj, alcune verità dedotte dal fatto e dall'esperienza. Questa può pei pratici e per gli allievi non essere così limitata come pei teorici e pei fisico-matematici di professione.

Gli elementi del calcolo delle variazioni facilitano di molto la soluzione di moltissimi problemi di gravi difficoltà e di non leggere interesse. L'istesso vantaggio ne porge la metafisica del calcolo a differenze parziali. I principj del calcolo a differenze finite potrebbero essere insegnati prima del calcolo differenziale per la ragione che questo allora diventa un corollario di quello e più chiaramente si apprende. Messe in sistema queste parti dell'Analisi dalle prime operazioni fino inclusivamente a questi elementi, non computando il superfluo, in un anno può essere appresa dagli alunni nelle lezioni di un'ora e mezza per giorno.

Conchiuderemo adunque che i giusti limiti del calcolo, di cui devono far uso gli allievi e i pratici devono essere quelli degli elementi sopraccennati dell'ordinario calcolo differenziale, degli elementi delle variazioni, delle differenze finite.

Pei Precettori

Molto di più ne dovrebbero sapere i precettori per conoscere le parti superflue, per penetrare e insegnare la metafisica della scienza che professano, grande scopo di ogni istituzione, e senza la quale metafisica la scienza non sarebbe che una raccolta di fatti e un causista chi la insegna.[32]

Filosofi moralisti e medici

La classe de' filosofi moralisti, che abbraccia legisti, istorici ec... dovrà imparare del calcolo, ma quello soltanto che serve per la teoria delle probabilità, e la parte massimamente di quella teoria che riguarda i casi e i sogetti di quella scienza. Si incomincia già già da qualche valente calcolatore ad applicare il calcolo delle probabilità a fatti d'Istoria, di Morale e di Critica.[33]

Inoltrata e estesa a più soggetti quell'applicazione si potrebbero un giorno sistemare quelle ricerche e renderle atte a servire di corso elementare ai studiosi e di norma e di guida qa chi potesse estenderle e perfezionarle.

Alla classe de' medici, oltre tutti i calcoli di probabilità insegnati alla classe de' moralisti, si avvrà a mostrare l'applicazione dei calcoli alla Fisica, affinche possano imparare che per ora il calcolo non è applicabile alla Medicina e affinche possano vedere che in molte altre parti della Fisica serve la Meccanica e l'Algebra a indovinare i fatti, che in quella del corpo umanio non si deve adoprare, che per valutarli e per determinarli, e a farne in fine l'uso, che ne fece l'illustre Borelli, non ad abusarne, come altri fecero, che con poche cifre algebriche credettero di poter sciogliere de' problemi capaci di atterrire i più grandi matematici e a esaurire infelicemente le più sublimi teorie dell'Analisi. Coteste applicazioni però dovrebbero essere insegnate cosi di volo, perche debbono servire solamente di scorta e di lume alle altre più importanti, alle applicazioni, voglio dire, del calcolo all'arte di conghietturare. Le ricerche alle quali massimamente il calcolo dovrà applicarsi dovranno esser quelle che riguardano l'istessa Medicina, vale a dire alcuni casi di probabilità.

CONCLUSIONE

Io mi lusingo che quanto abbiamo detto possa bastare a persuaderci che l'uso, che si facesse del calcolo, che abbiamo assegnato alle varie classi, e nel modo che

---

[32] Filangieri. Scienza della Legislazione.
[33] Il Sig.r marchese di Condorzet nelle memorie degli anni 1781, 82, 83, 84 calcola la probabilità dei fatti straordinari e la applica ad alcune questioni di Fisica.

abbiamo descritto non avvrebbe alcun eccesso, appunto perche allora l'uso del calcolo reccherebbe tutti i vantaggi che esso reccar potrebbe senza alcuno di quei danni che senza le stabilite regole e i modi prescritti si potrebbero temere.

Facilmente si potrà rilevare se ora vi sia qualche eccesso nell'uso che suol farsi del calcolo esaminando soltanto se in questi usi si oltrepassino quei confini, che abbiamo delineati in questa II Parte. O non si ottenga alcuno di quei vantaggi necessari, come vedemmo, perche quegli usi non abbiano eccesso.

Parte Terza

SE VI SIA QUALCHE ECCESSO NELL'USO, CHE SUOL FARSI DEL CALCOLO

Vi potrebb'essere dell'eccesso nell'uso, che si fa dalla classe de' teorici. Infatti sembra oramai fatto sogetto del calcolo tutto ciò che una fantasia calcolatrice può facilmente immaginare, e ciò che le può presentare il caso e gli innumerabili fenomeni che si osservano. La discesa di un bastone sopra un ipomoclio, il moto di molti corpi legati a fili, o a elastici, che di muovano sopra piani, la marcia del cavaliere al gioco degli scacchi, la cuna, il trottolo hanno richiamato le acute meditazioni dell'analisi, e si estendono anche per esse delle teorie niente meno sublimi degli analitici lavori che fanno conoscere i moti delicati dell'asse del nostro globo.

L'uso del calcolo nella esatta e generale teoria del suono, che ne diedero D'Alembert, de la Grange, Euler ec…, e la sua applicazione ai principali casi bastano pei bisogni della Fisica e per quelli che può far nascere in noi la curiosità di sapere a che si debba quell'armonia e quello strepito che intenerizza e umanizza il feroce e fa inferocire l'animo umano; e perciò sembrerebbe che ora si andasse in traccia de' sogetti senza numero, che possono avere dei rapporti col suono per farli sogetti di lavori immensi di analisi.

Qualche maggiore esattezza, di cui si vegga essere suscettibile la teoria descritta de' fluidi o dell'Astronomia non sembrerebbe sufficiente per garantire dalla taccia di eccessivo l'uso che si fa de' calcoli nelle teorie, che si vanno rifondendo e rimpastando con nuova analisi.

I calcoli delle probabilità applicati a giochi d'azardo si potrebbero tenere per troppo prolissi e intralciati in confronto dei vantaggi che ne conseguiscono.

Riguardo all'Analisi tante ricerche sulla formazione delle equazioni. Quelle intorno alla proprietà dei numeri incominciata da Diofanto, coltivate da Fermazio, e nelle quali l'Eulero, la Grange, Beguelin sembrano impiegare i più sublimi talenti analitici, quelle sopra la proprietà di alcune serie, sulle integrazioni di alcune formole non potrebbero sembrare anche queste ricerche sfoghi più tosto della passione pel calcolo? Vero è però risultare da questi usi delle verità, che potrebbero un giorno servire a utili scoperte, ed essere tanti materiali che si preparano a chi saprà vedere più estesamente e riconoscere le più fine relazioni degli ogetti. Potevano passare, dice il Fontenelle, nel secolo scorso per inutili e di vana curiosità le ricerche spinose delle proprietà della cicloide, e presentemente si devono estimare delle più interessanti a cagione della perfezione che portano nella teoria de' pendoli e dell'ultima precisione nella misura del tempo. È noto l'uso utilissimo che fecero in alcuni incontri i genj del nostro secolo di molte ricerche fatte dagli antichi e dai moderni geometri, che sembravano avere i più lontani rapporti colle verità immediatamente utili.[34]

Tutti i calcoli è vero concernenti le teorie delle equazioni, che da Cardano dall'Eulero, dal Bezut, dal Varing ec…, che non riguardano le ricerche stabilite alla prima classe, potrebbero servire a cavare da qualche oscurità alcune questioni e dare più di generalità e ad abbreviare per conseguenza la teoria fondamentale dell'analisi. Le sublimi teorie, che abbiamo indicato sulle proprietà de' numeri incominciano a usarsi per rendere più rigorose alcune dimostrazioni, e più generali alcuni problemi, e alla soluzione delle equazioni di secondo grado a due incognite per numeri interi. Quindi si potrebbe conchiudere, non esservi propriamente degli eccessi. Ma risovveniamoci che abbiamo stabilito diversi chiamare eccessivo l'uso de' calcoli, quallora non recchi un conveniente vantaggio. Dall'altra parte tutte le speculazioni, l'industria e il tempo che si impiegano nelle ricerche sopraccennate, e per cosi dire arbitrarie e d'incerta, o almeno lontana utilità, quanto maggior vantaggio non avrebbero reccato se fossero state rivolte e impiegate a perfezionare e a estendere le ricerche, che abbiamo fatto sogetto dell'uso de' calcoli per le varie classi? Qui però la giustizia e la gratitudine ne costringe a separare dagli Autori di questi usi eccessivi quelli che lo fecero soltanto per vezzo o per compiacenza di scherzare fin'anche con quel strumento istesso che avea loro servito a portare una felice rivoluzione nell'analisi e nella Fisica, e ad apprire a tanti uomini la via della gloria. In quelli, che senza aver lasciato almeno qualche orma de' loro ingegni in utili ricerche fanno di questi usi le loro uniche e serie occupazioni con maggior fondamento, e più giustamente si potranno chiamare eccessivi.

---

[34] Fra le molte si vegga la teoria del suono del Sig.r de la Grange.

Vi potrebb'essere dell'eccesso e del difetto nell'uso, che suol farsi dalle altre classi. Chi per volere usar troppo calcolo ritiene gli allievi nelle speculazioni astratte dell'analisi e li fa perdere perdere quel tempo, che a loro viene destinato non a farsi grandi calcolatori, ma ad apprendere gli elementi delle scienze, e quelli, e di quelle facoltà, che sieno i più atti a sviluppar e a coltiva loro la ragione, e a far loro presentire i rapporti e l'utilità di quelle scienze, alle quali, o dal proprio genio, o dalla Patria vengono chiamati. Chi al contrario per voler essere troppo moderato nell'uso del calcolo fa perdere nella sintesi quel tempo e quel talento, che impiegato in poco più di analisi s'apprendono tutte le verità, e quei vantaggi si ottengono che si perdono si per troppa analisi, che per troppa sintesi. Chi per non voler temperare le teorie sublimi dell'analisi con poco più di Geometria, o di Fisica giunge nelle sue indagini a risultati che potrebbero ben servire a qualche cosa, ma non soddisfano al fine delle ricerche. Si vogliono per esempio rilevare le dimensioni più vantaggiose di una qualche macchina, guardiamoci dal pensare che col calcolo si possano abbracciare tutti gli elementi necessari per avere un prodotto giusto e che il calcolo, che occorrerebbe sia si limitato, si piano, che in tempo conveniente ci possa prestare il soccorso che abbisogniamo. Chi al contrario per voler adoperar poco calcolo in molte altre ricerche arriva a risultati, che ben lontani dall'esser quelli della natura potrebbero non esser che prodotti chimerici sotto l'aspetto di verità le più luminose. Molti di questi difetti nell'uso del calcolo potrei mostrare indicando i vantaggi che si ritrarrebbero dall'applicazione dell'analisi a tante questioni di Fisica, di Probabilità di Geometria che immediatamente ci interessano, e vengono trascurate. Ma lo scopo principale di questo saggio dovea essere di far vesdere in generale ove poteva regnar qualche eccesso, e a dimostrarlo parmi che basti ciò che fin'ora abbiamo detto.

Parte Quarta

QUALI SIENO LE CAGIONI DEGLI ECCESSI

Non rimarrebbe dunque che si assegnare le cause degli eccessi e dei diffetti che abbiamo mostrato nell'uso del calcolo.

Le cagioni dei diffetti ànno come abbiamo veduto la loro origine negli eccessi dell'uso della Fisica e della sintesi. Adunque basterà ritrovar le cagioni degli eccessi in generale nell'uso dell'analisi, della sintesi e della Fisica.

L'eccesso, dice un filosofo geometra, è l'elemento dell'uomo, la sua natura è di passionari sopra tutti gli ogetti de' quali si occupa, la moderazione è per lui uno stato sforzato, ne ad essa viene sommesso se non dalla forza e dalla riflessione. Ecco dunque nella natura istessa dell'uomo, nella mancanza di forza e di riflessione le generali cagioni degli eccessi.

Natura dell'uomo

L'uomo in mezzo a quest'universo, ove tutto o nulla lo deve sorprendere deve essere stimolato continuamente da una inquieta curiosità di sapere l'origine de' fenomeni si fisici, che morali, o per mostrare il potere che egli ha, per così dire, sulla natura, e per ingrandire a suoi occhi e a quelli del pubblico la massa delle sue cognizioni, e per ritrovare de' mezzi atti a migliorare la propria esistenza e quella de' suoi simili, e rendersi interessante e di considerazione. Dall'altra parte, come potrà l'uomo resistere alla forza dell'abitudine e alla voce del genio che imperiosamente si farà sentire, tosto che i suoi talenti abbiano fatto qualche progresso? Come non dovrà allora passionarsi, e la moderazione esser per lui uno stato di violenza? Al certo non gli dovrà bastare di usar d'una scoperta che egli faccia, o di una scienza che abbia appreso, ove soltanto possa essere veramente utile, molto meno se lo può essere in pochi sogetti, e se ad essi si restringe il patrimonio del suo sapere. L'abborrimento che egli ha alla fatica non gli deve far conoscere il bisogno di altre cognizioni, e quindi ritornando sopra le proprie deve riguardarle le uniche, colle quali tutto possa esser spiegato e tutto appreso. Questa può essere una delle ragioni per le quali la Filosofia è ordinariamente tutta sistematica nel metafisico, tutta analisi nel chimico, tutta fatti nell'istorico, e quella finalmente per cui potrebb'essere tutta calcolo o tutta sintesi anche nel geometra.

Messa in voga da simil cagioni alcuna scienza o scoperta eil loro uso, un'altra circostanza può nascere e concorrere a dar loro un'energia e un tono eccessivamente predominante. L'interesse, che ha ciascuno di quelli che le coltiva, a sostenere e a inalzare le proprie, e a deprimere le altrui cognizioni deve costringerli a mostrare, per cosi dire, giustamente usurpata l'estensione che àanno data alle proprie scoperte, e a dilatarla viepiù, e a estenderla violentemente. Alcuni eccessi, che si veggono negli usi del calcolo, forse non ànno altra cagione che questa, o se non più lo spirito di partito potrebbe arrivare a far contrarre anche l'uso del calcolo un di quei vizj, che in esso sarebbero più da condannarsi, che negli usi di altre facoltà.

Mancanza di forza e di riflessione

Se si esamina in quali circostanze sarebbero sforzate, per cosi dire, le classi a usare di quel calcolo solamente che abbiamo loro prescritto, non vi vorrà molto a scoprire che quest'epoca felice sarebbe allora, che questo solo uso fosse in onore, e questo solo uso fosse premiato dall'opinion pubblica, dagli onori accademici e delle catedre. Queste ordinariamente sono le uniche forze che possono controbilanciare e superar quelle dell'amor proprio cagione, come abbiamo veduto, dell'uso si moderato che eccessivo della ragione, d'ogni scoperta d'ogni scienza e d'ogni arte. Ma una stima si giusta del pubblico è difficilissima ad ottenere.

Il publico avido sempre di novità abbraccia senza grande esame qualunque scoperta, e i bisogni, e il desiderio che sia utile, che possa portare le arti e le scienze al grado di perfezione di cui abbisognerebbe fanno che egli la stimi e li presti quelle qualità di cui forse essa potrebbe mancare. E perche il publico si disinganni, perche rettifichi le idee erronee che si formò delle scoperte, prima che impari a stimarle in proporzione dei veri vantaggi che possono reccare, non vi vol meno che il sentimento di quei vantaggi, che può far nascere la sola tarda e pericolosa sperienza. Ora la scoperta del calcolo e de' suoi usi forse non è arrivata per anco ad ottenere della opinion pubblica quella giusta stima che devono far concepire i soli veri e solidi vantaggi, che da essi possono derivarsi, e forse più di qualunque altra scoperta abbisogna di tempo a cagione delle difficoltà, che deve incontrare l'ingresso e la diffusione nella opinion pubblica delle sue sublimi ed astratte nozioni. Il publico può anche stimare ciò che mostra soltanto talento, pei vantaggi in generale che i talenti procurano alle nazioni. Tutto adunque concorre a mostrarci che potrebbe bastare l'apparato e la pompa delle arabiche cifre per acquistarci il titolo glorioso di uomo dotto e di Autore.

Altronde è difficile a ritrovarsi un amor proprio che si pasca soltanto del piacere di acquistar fama presso la posterità, sola giudice competente del merito delle scoperte e presso i pochi contemporanei. Il non abbadare alle lodi della moltitudine, che per ciò appunto che sono profuse dal maggior numero non possono avere per anco la ragione del vero merito, il rinunziare a tutti gli effimeri vantaggi che sogliono risultare dall'assecondare il gusto depravato e frivolo della folla de dotti.

Vedremo rinforzarsi l'influsso dell'opinion pubblica e la difficoltà di resistervi quando si osservi che nelle università e nei collegi non sono abbastanza diffusi i metodi, che sieno i più proprj e i più atti a formare ne giovani le idee giuste del potere del calcolo e de suoi giusti confini e a indicar loro gli utili sogetti del di lui uso; ne abbastanza coltivata quella parte di educazione, che riguaqrda l'istruzione nei principj della vera gloria e nei mezzi per ottenerla, in una parola nei principj per divenire e conservarsi veri filosofi. Questi principj qualche influsso pure avrebbero per animare e promuovere l'esecuzione dei buoni metodi, che venissero loro insegnati. Alla mancanza di questi primi materiali, per così esprimermi, della riflessione si aggiunga che la natura istessa del calcolo e dei sogetti ne quali si può usare è tale da poter facilmente deviare e allontanare da essa. Il calcolo ha in se stesso delle attrattive, ha il bello forse che si deriva dalla varietà dei rapporti, dall'unità d'azione e utilità del fine, fonte del piacere delle belle arti. Stabilita l'equazione, dice il Fontenelle, le verità fluiscono con una facilità deliziosa per lo spirito, il loro concatenamento è più semplice e insieme più stretto, lo spettacolo della loro generazione, che non ha più nulla di sforzato, è più aggradevole.

Lo studio del calcolo deve ancora lasciar nell'animo quella pura soddisfazione che si attribuisce alle scienze esatte per la cognizione che lascia del loro valore intrinseco e indipendente dall'opinione. I progressi che si fanno in questa scienza, i gradi che si avanzano, tutto si misura, dice il D'Alembert, rigorosamente come gli ogetti de' quali essa si occupa.

Chiamati ed attaccati gli uomini allo studio del calcolo da queste attrattive e da queste forze hanno già fatto il primo passo per farne molt'uso. Si aggiunga poi che appresi con metodo i principi elementari non è difficile usare del calcolo in ogni sogetto. In parità di circostanze, pare anzi che questa scienza non sia delle più difficili. A quante cognizioni si riducono mai quelle che si contengono in tanti volumi d'uso eccessivo di calcolo? Le solide cognizioni si riducono ai principj che abbiamo esposti del moto accelerato e ritardato, dell'equilibrio e ad alcune cognizioni di Fisica, il resto è tutto meccanico lavoro di analisi. Non è difficile ritrovar dei principj, co' quali formar delle teorie che abbiano apparenza di novità. Ove può usarsi senza pericolo di eccesso v'hanno delle difficoltà da non potersi superare si agevolmente. I sogetti facili, ne quali nulla di meno l'uso del calcolo sarebbe necessario ed utile, presentemente sono pochi; ed ecco anche per parte del calcolo e dei sogetti cui si applica tolti quegli ostacoli, che se non più potrebbero difficoltarne l'uso eccessivo. E quindi quella Filosofia, che si contenta della moderazione, come poterla ritrovare almeno presentemente, ne anche negli analisti!

DELLE ALTEZZE BAROMETRICHE,
E
DI ALCUNI INSIGNI PARADOSSI
Relativi alle medesime

SAGGIO ANALITICO
Con alcune Riflessioni Preliminari intorno
ALL' APPLICAZIONE
DELLE MATEMATICHE ALLA FISICA
DEL P. GREGORIO FONTANA
Delle Scuole Pie

Pubblico Professore di Matematica nella Regia
Università di Pavia, Socio dell'Accademia
dell' Instituto di Bologna.

IN PAVIA.

Per Giuseppe Bolzani Impressore della Regia
Città. *Con permissione.*

GREGORIO FONTANA

RIFLESSIONI PRELIMINARI INTORNO ALL'APPLICAZIONE DELLE MATEMATICHE ALLA FISICA[*]

Se una formola d'Algebra non è sempre una fisica verità; una gran parte però delle verità della Fisica è il risultato di poche formole d'Algebra. Dopo la grand'epoca della rivoluzione filosofica dell'anno 1687, in cui comparve per la prima volta alla luce l'Opera de' *Principj* di Newton, non è più permesso di dubitare, se l'Analisi e la Geometria possano applicarsi con frutto alla Fisica, e se quest'ultima per lo innanzi chimerica e romanzesca abbia cominciato in allora a meritare il nome di Scienza della Natura. Tutta l'eloquenza dell'illustre Metafisico[a], e dell'incomparabile Storico o Dipintore della Natura[b], i quali hanno tentato in questi ultimi tempi di sparger dell'ombre sopra l'applicazione delle Matematiche alla Fisica, altro non prova (se la Rettorica prova qualche cosa) fuorché ciò che i Geometri stessi, ed i Fisici concordemente confessano, vale a dire che gli Uomini possono abusare, ed hanno talvolta abusato di una siffatta applicazione avendo voluto assoggettare arbitrariamente alla misura ed al calcolo ciò che o per indole propria, o per mancanza di sufficienti dati, o per l'esperienza ora mutola, ed ora contraria, era alla Geometria, ed all'Algebra intieramente straniero.

L'abuso non è mai stato una prova contro l'utilità e il vantaggio della cosa abusata: e se Cartesio non è mai comparso sì grande agli occhi dei veri Sapienti come allorquando egli insegnò la maniera di applicare l'Algebra alla Geometria, invenzione importantissima e originale, che sarà sempre la chiave delle più profonde ricerche e delle più grandi scoperte; Newton, che partendo da questo termine fisso fece un viaggio tanto più grande e meraviglioso nelle Provincie della Filosofia, e insegnò l'arte di applicare l'Algebra e la Geometria alla Fisica, e di formare di queste tre Scienze una Scienza sola, sarà sempre l'ammirazione di tutti i Secoli. Ma questa grand'arte, che non ha regole fisse e costanti, giacché non vi ponno

---

[*] G. FONTANA, *Riflessioni preliminari*, in *Delle altezze baometriche*, cit.

esser regole per inventare, che tutta dipende dalla sagacità e penetrazione dell'Uomo, che dimanda ad ogni nuovo passo un nuovo artifizio, e richiede per ogni nuovo incidente un nuovo ripiego, che con un sottilissimo filo conduce il Fisico-Matematico per le vie tortuose ed obblique d'un laberinto immenso, dove è tanto facile di smarrire il sentiero, quest'arte profonda e difficile non può altramente esser messa in uso e ridotta alla pratica che con tutta quella scrupolosa cautela, la quale caratterizza la saggia timidità, della Moderna Fisica. Un fatto primitivo e fondamentale, un effetto costante e immutabile, un principio conosciuto per induzione ed analogia e confermato coll'esperienza dee sempre servire come di punto d'appoggio all'artifizioso edifizio delle linee e dei calcoli, il quale altrimenti privo di base e di sostegno crollerebbe da tutte le parti, facendo tanto maggior torto al giudizio e alla profondità dell'Autore, quanto più farebbe comparire il di lui ingegno e la di lui sottigliezza. La Geometria sempre subordinata alla Fisica, sempre ubbidiente all'esperienza e alla Natura deve aspettare che questa parli, avanti di profferire il suo oracolo; deve assoggettarsi ad ogni cenno di lei, custodirne gelosamente tutti i precetti, inoltrarsi dove quella le apre il sentiero, arrestarsi dove essa si ferma; in una parola dee ricever la legge, non darla. Ma se in luogo di obbedire vuol comandare e dominar da se sola; se anche là portar vuole il compasso e la squadra dove non le è permesso vedere ciò che intende di misurare; se al suo ingegnoso edifizio dà per fondamento e per base in luogo dell'esperienza ed osservazione un principio astratto e ideale, un fatto supposto, un'ipotesi arbitraria; se in somma nel silenzio della Natura pretende di parlar essa sola, allora si può giustamente paragonare l'opera sublime del suo travaglio e delle sue speculazioni a quelle foreste del Nord, dove gli Alberi in gran parte si trovano senza radici: *Basta un leggier soffio di vento* (secondo l'espressione di un ingegnoso Scrittore) *per atterrare una foresta d'Alberi, e d'idee*[c]. In tutti questi casi discendendo la Geometria dal Mondo Intellettuale nel Mondo Fisico e reale senza punto curarsi di studiarlo e conoscerlo, e quasi sdegnando di addomesticarsi e materializzarsi con esso, altro non fa che togliere al soggetto delle sue ricerche pressoché tutto il di lui esser reale, spogliarlo di tutte le fisiche qualità, trasformarlo in un essere astratto, non lasciandogli altra esistenza fuorché l'ideale e precaria, e pretendendo dopo tutto questo di trasportare nel nostro mondo un risultato cotanto arbitrario, di dar corpo e solidità a un'astrazione, e di realizzare una verità puramente intellettuale, che non può esser tale se non nel Mondo delle idee, e nel Regno vastissimo delle astrazioni. In siffatti inconvenienti allora s'incorre principalmente quando vuolsi a tutta forza applicare l'Analisi e la Geometria ad alcuni articoli tenebrosi e complicatissimi della Fisica particolare, dove o per la molteplicità degli elementi che renderebbono il calcolo impraticabile, o per la loro incertezza ed oscurità, o per la non conosciuta energia delle forze e dei loro effetti, o per la legge ancora più ignota che regola la loro azione, convien gettarsi forzatamente nel mare delle ipotesi, sostituendo ai fatti reali che non si conoscono i principj ipotetici che si fingono, alterando in tal guisa e mascherando la Natura col lavoro e coll'opera dell'immaginazione. Chi mai fino ad ora ha potuto a cagion d'esempio assoggettare all'Analisi, e ridurre alla precisione geometrica la maggior parte de' meravigliosi fenomeni del Magnetismo, dell'Elettricità, delle Fermentazioni de' liquori, e pressoché tutti i portentosi effetti della Chimica? Qual Fisico, qual Geometra, saggio, modesto, circospetto, il qual conosca i confini della sua Arte, l'imperfezione de' suoi organi, i limiti delle sue cognizioni, la brevità dell'umano intelletto, e insieme l'ampiezza illimitata e la maestosa oscurità della Natura, può mai pretendere di numerarne tutte le parti, calcolarne tutte le forze, e misurarne l'immensità?[d]

Ma ciò che sembra straordinario e quasi impossibile, e che dee farci conoscere la nostra piccolezza, e inspirarci una prudente modestia, e una giusta diffidenza delle nostre forze, si è, che anche nell'applicazione dell'Algebra alla pura Geometria, cioè nel mondo stesso intellettuale, dove tutte le verità ideali ed astratte dipendono unicamente dal nostro intelletto, sono figlie de' nostri concetti, e quasi creature di nostra mente, s'incontrano talvolta degli ostacoli insuperabili, e de' paradossi inaspettati. Chi non sa, per cagion d'esempio, che nelle curve rappresentate dall'equazione $y = x^{\sqrt{2}}$, chiamate dal gran Leibnitz *Interscendenti*, rimane tuttora indeciso con molta confusione dei Geometri, se i valori delle ordinate persistano ad esser reali, oppure diventino immaginarj qualora poste le ascisse negative l'equazione si cangia in $y = (-x)^{\sqrt{2}}$, niente contribuendo al deciframento di questo enigma i valori approssimanti di $\sqrt{2}$, come è pur manifesto? A chi non è noto l'arcano de' *Punti Discreti* nelle curve Trascendenti Esponenziali dell'equazione $y = x^x$, i punti delle quali cessando di esser contigui dalla parte delle ascisse negative, cioè allorché l'equazione diviene

$$y = \frac{1}{(-x)^n},$$

vengono quindi a formare una traccia non continua di Punti *Discreti* o disgiunti, i quali però a cagione degl'intervalli infinitamente piccoli fra l'uno e l'altro mentiscono una perfetta continuità? Chi non conosce il paradosso del valore infinito, che risulta dal dividere l'angolo della tangente immaginaria $\sqrt{-1}$ per l'istessa tangente; essendo, come ognun sa,

$$Ang.\,tang.\,x\sqrt{-1} = \int \frac{dx\sqrt{-1}}{1-x^2} = \frac{\sqrt{-1}}{2}\ln\frac{1+x}{1-x}\,;$$

e però posto

$$x = 1,\,Ang.\,tang.\,\sqrt{-1} = \infty\sqrt{-1}\,,$$

ed

$$\frac{Ang.\,tang.\,\sqrt{-1}}{\sqrt{-1}} = \infty\,?$$

Ma non solamente la Dottrina delle Curve Trascendenti offre codesti enigmi al Geometra, che ne rintraccia per mezzo dell'Algebra le proprietà: anche nella Teoria delle Curve Geometriche scopresi talvolta inaspettatamente il Calcolo in difetto, e trovasi improvvisamente arrenato il Calcolatore. Basti per tutti l'esempio delle Iperbole superiori, la di cui equazione agli asintoti prendendo l'origine delle ascisse alla distanza a dal concorso di essi, è

$$(a-x)^m\,y^n = 1\,;$$

e l'espressione dell'area iperbolica è

$$\int y\,dx = \frac{n}{(m-n)(a-x)^{\frac{m-n}{n}}} - \frac{n}{(m-n)a^{\frac{m-n}{n}}}:$$

La qual espressione, posto $x > a, n = 1$, ed m qualunque numero pari, trovasi finita e negativa; laddove al contrario nelle medesime condizioni l'area iperbolica diventa indubitatamente, come altronde è noto, infinita e positiva. La meccanica poi Razionale, tuttochè dessa pure appartenga[e] alla classe delle Matematiche Astratte, non altro essendo secondo la definizione di Newton che la Scienza rigorosa e dimostrativa dei Movimenti, e delle Forze Motrici, presenta assai più spesso all'Analista Geometra cotesti inciampi, e ricusa talvolta di sottomettersi senza le opportune restrizioni al giogo dell'Analisi, e al freno del Calcolo. È insigne nella Dottrina delle Forze Centrali il caso di quel Corpo, che lanciato con una data velocità e sollecitato da una forza centripeta reciprocamente proporzionale al cubo delle distanze dal centro si muove nella Spirale Logaritmica. La formula analitica, che rappresenta il luogo, dove dee ritrovarsi il detto corpo nel termine d'un certo tempo, scopresi viziata da un valore impossibile e immaginario: Dal qual valore immaginario il più grande dei Geometri ne ricavò poi quella conclusione un poco anti-fisica, che il corpo giunto appena nel centro doveva sparire e annientarsi[f].

Solenne è pure e singolarissimo il caso di un Corpo tirato in linea retta verso un centro da una forza, la di cui intensità cresca in ragione d'una potenza n delle distanze dal centro. Chiamando in questa ipotesi a la prima distanza del corpo dal centro, x lo spazio da esso trascorso per l'azione di detta forza, u la velocità acquistata nel descrivere tale spazio; risulta, come è noto per li principj Meccanici, l'equazione differenziale

$$(a - x)^n \, dx = u \, du \, ;$$

la quale integrata cangiasi in

$$\frac{2a^{n+1} - 2(a - x)^{n+1}}{n + 1} = u^2 \, .$$

Da questa equazione immantinente si scorge, che qualora sia *n+1* un numero negativo la velocità acquistata dal corpo nel giugnere al centro, cioè nello svanire di x, diviene infinita. E siccome di là dal centro, ovvero diventando $x > a$, la predetta formula in alcuni casi, come per esempio quando n+1 è un numero negativo dispari, rappresenta contra ogni evidenza, immaginario e impossibile il valore della velocità; quindi il sullodato sommo Geometra, per troppa fiducia e venerazione ad una formula d'Algebra, ha creduto poter inferire, che non ostante quell'infinita velocità il corpo giunto al centro qualche volta incontinente si fermerà, qualche volta tornerà indietro, e qualche volta per uscir d'ogni impegno sparirà; e volendo pure ad ogni patto cattivar la ragione sotto la fede di una formula ambigua è arrivato a pronunziare quella sentenza, forse un poco anti-logica, che *sebbene ciò sembra contrario alla verità, nulladimeno in tal caso è più da fidarsi del calcolo che del nostro stesso giudizio*[g]. È memorabile finalmente il Problema, in cui data una forza repellente in ragione d'una potenza n delle distanze dal centro cercasi nel corpo respinto e cacciato dal centro in virtù di quella forza la velocità, e il tempo a qualsivoglia distanza. È noto, che chiamando y la distanza del corpo dal centro, ed a quella distanza dove la forza repellente sia espressa da 1, per l'analogia

$$a^n : y^n :: 1 : \frac{y^n}{a^n}$$

la quantità $\frac{y^n}{a^n}$ rappresenterà la forza repellente alla distanza y; d'onde per le conosciute teorie (nominando v la velocità) si ricava

$$v\,dv = \frac{y^n\,dy}{a^n},$$

ed integrando

$$v = \sqrt{\frac{2\,y^{n+1}}{(n+1)a^n} + A}\,;$$

e chiamando t il tempo si trae

$$dt = \frac{dy}{v} = dy\sqrt{\frac{(n+1)a^n}{2\,y^{n+1}}},$$

e quindi

$$t = \frac{1}{1-n}\sqrt{(2n+2)a^n y^{1-n}} + B\,.$$

Ora il nodo, che qui incontra il Sig. Euler (come può vedersi nella sua Meccanica *tom.* 1.§. 314. 315. 316. ec.) nel caso che n sia minore dell'unità è un nonnulla a fronte dello scoglio, incontro al quale si va ad urtare nell'ipotesi che $n+1$ sia un numero negativo. In questa ipotesi i valori di v, e t, comprendendo sotto il segno radicale quadratico una quantità negativa, diventano immaginarj; il che è certamente un enigma stranissimo, anzi un assurdo palpabile, essendo una manifesta contraddizione, che supposto *n* un numero negativo maggiore dell'unità, ovvero nell'ipotesi che la forza repellente cresca nella ragione inversa d'una qualche potenza (maggiore dell'unità) delle distanze dal centro, la velocità, ed il tempo per qualsivoglia spazio trascorso debbano ritrovarsi impossibili e immaginarj.

Siffatti nodi e inciampi, che l'uso del Calcolo nelle Matematiche Pure oppone non di rado all'Analista Geometra s'incontrano più frequenti, e più imbarazzanti nelle Matematiche Miste. Sono quivi assai comuni gl'inconvenienti, che s'affacciano al Geometra, che vuol esprimere simbolicamente colle analitiche formole certe date Questioni di Fisica, che per alcune particolari condizioni e accidenti non ponno essere nella loro totalità dalle quantità algebriche rappresentate ed espresse. Non potendosi allora tradurre queste condizioni e circostanze dal linguaggio ordinario, in cui sono espresse, nel linguaggio simbolico o algebrico, scopresi il Fisico-Matematico ridotto a quel medesimo passo, in cui trovasi un Traduttore, il quale per trasportare dal greco in un altro idioma una qualche frase o maniera di dire propria e individuale di quella lingua scuopre mancanti nell'altro idioma i termini acconcj e l'espressioni corrispondenti.

È osservazione già fatta dal Sig. D'Alembert nel tomo V. de' suoi Miscellanei, e nell'articolo *Equation* dell'Enciclopedia, che ne' Problemi Algebraici le radici negative dell'equazione contenendo la soluzione di altrettanti Problemi analoghi, ma però differenti dal primo, ad altro non servono che ad inviluppare, e per così dire a mascherare la prima soluzione, la quale trovandosi incorporata, e come amalgamata colle altre è tanto più difficile a discoprirsi e distinguersi. Questa molteplicità di soluzioni, le quali sebbene analoghe alla prima sono però differenti dalla soluzione vera, e diretta della Questione, potrebbe riguardarsi come una ricchezza dell'Algebra, se oltre all'indicato inconveniente non ne risultasse un altro anco maggiore, che è di far montare l'equazione, ossia la traduzione del Problema, ad un grado molto più alto di quello, a cui salirebbe, se ella contenesse unicamente le radici proprie alla vera e precisa soluzione del Problema nel senso rigoroso, in cui è stato proposto. *Egli è vero*, dice il Sig. D'Alembert, *che questo inconveniente sarebbe molto minore, e sarebbe anche in un senso una vera ricchezza, se si avesse un metodo generale per risolvere le equazioni di tutti i gradi: basterebbe allora separare e discernere da tutte le radici quelle che veramente abbisognassero. Ma per mala ventura giunti appena al terzo grado ci troviamo arrenati. Sarebbe dunque da desiderarsi, giacché tutte le equazioni non sono risolubili, che si potessero almeno abbassare al grado della Questione, vale a dire a contenere tante unità né più né meno nell'esponente del loro grado, quante sono le soluzioni immediate e dirette dell'istessa Questione: Ma la natura dell'Algebra non sembra permetterlo.*

Che se ne' Problemi stessi Algebraici (nel mentre che il calcolo per una certa superfluità, che alcuni confondono colla ricchezza, ci dà quello che il Problema non dimandava), ci troviamo per questo appunto più imbarazzati a trascegliere ciò che il Problema realmente dimanda e a ritrovarne la vera e immediata soluzione; molto maggiore di questa è l'imperfezione dell'Analisi ne' Problemi Fisico-Matematici, dove non sempre possono aversi le necessarie formole generali, le quali si adattino a tutte le circostanze della Questione, e ne esprimano tutti gli stati differenti e tutte le diverse modificazioni. Addiviene allora, che volendosi senza restrizione alcuna applicare le formole algebriche a quei casi ed accidenti, che elle non possono rappresentare ed esprimere, s'inciampa sconciamente nella conclusione, la quale presenta sotto un aspetto assurdo e contradditorio que' risultati, che secondo la natura del Problema, il senso retto, e la ragione esser debbono onninamente reali.

Per andare al riparo d'un tal disordine, basta il più delle volte introdurre nella formula analitica rappresentatrice della proposta Questione un picciolo cambiamento, il quale esprima quella circostanza o modificazione del Problema, che nella formola primitiva non veniva compresa. La sagacità e destrezza del Geometra supplisce allora all'imperfezione del calcolo, e al difetto di generalità nell'espressione algebrica. Così (nel problema di un corpo, che viene sollecitato da una forza attraente centrale in ragione d'una potenza n delle distanze dal centro, ed incomincia il suo moto dalla distanza a dal centro medesimo, e scorrendo lo spazio x acquista la velocità v) la formula

$$(a - x)^n dx = v\, dv$$

non ha tutta la necessaria estensione per comprendere tutti i differenti stati del Problema, e per esprimerne le varie gradazioni. Imperciocché è evidente per la natura del Problema, che giunto il corpo di là dal centro delle forze, cioè trascorso lo spazio $x > a$, i momentanei incrementi delle velocità riuscir debbono negativi, ovvero cangiarsi in decrementi; e questo è quello che la formula non arriva ad esprimere nell'ipotesi di n numero pari: che anzi supposto n una frazione di denominatore pari, ridotta ai minimi termini, diventa di là dal centro immaginaria la formola contro ogni evidenza, e contra la natura stessa della Questione. Il Sig. Cavaliere de Foncenex in una dotta Dissertazione sopra le *Quantità Immaginarie* inserita nel I.° tomo de' Miscellanei dell'Accademia di Torino per riparare gli anzidetti inconvenienti, indicati poscia eziandio dal Sig. D'Alembert nel I.° tomo de' suoi *Opuscoli Matematici* p. 219., e nel IV.° p. 62., e per dare alla formola precedente la maggiore possibile generalità, e farla esprimere tutti i casi, e tutte le circostanze possibili del Problema, propone l'ingegnoso ripiego di moltiplicare il primo membro di detta formola per la quantità indeterminata b, di cui convien poscia determinare il valore secondo le varie circostanze, e le differenti modificazioni del Problema, e secondo l'esigenza de' casi, che dall'indole della Questione derivano; di maniera che l'indeterminata b potrà essere anco talvolta una quantità immaginaria $A + B\sqrt{-1}$ [h] è ciò per togliere la forma immaginaria a quelle espressioni, che la Logica, la Fisica, e la Natura mostrano dover essere reali. E sebbene non è mancato[i] chi ha voluto ridere d'un così giusto e giudizioso ripiego dell'illustre Sig. de Foncenex; è però certo e indubitato, che questo è l'unico mezzo di evitare quegli assurdi, e di sfuggire que' stravagantissimi paradossi, che difesi con calore e sostenuti con perseveranza, nel concetto di molti, disonorano i Geometri e la Geometria.

Con simile accorgimento, e con frutto di gran lunga maggiore si è in questi ultimi tempi introdotta nella Geometria la Teoria sublime e profonda delle *Funzioni Discontinue*, intorno alla quale si sono segnalati i più illustri Geometri di questo Secolo. Arricchita l'Analisi d'una parte tanto importante, di cui prima era mancante, si è potuto con ammirazione degl'Intendenti, e con vantaggio della Fisico-Matematica farne poscia l'applicazione più fortunata ad alcune Questioni di Fisica, sommamente ardue ed astruse, e che erano state per lo innanzi lo scoglio de' Geometri, e il tormento degl'ingegni più nobili ed elevati. Niuno havvi fra i Matematici, a cui possa essere ignoto il famoso Problema delle *Corde Vibranti*, e l'uso grandissimo e indispensabile della Dottrina delle *Funzioni Discontinue* nella soluzione di questo Problema, che è oggimai divenuto l'aringo di emulazione e di gloria fra i quattro sommi Geometri, viventi in Europa, e sarà pe' nostri Posteri il più sicuro argomento, e l'esempio più segnalato dei progressi dell'Ingegno Umano nel Secolo Decimottavo.

NOTE

(a) «Une des vérités qui ayent été annoncées de nos Jours avec le plus de courage & de force, qu'un bon Physicien ne perdra point de vue, & qui aura certainement les suites les plus avantageuses; c'est que la région des Mathematiciens est un Monde intellectuel, où ce que l'on prend pour des vérités rigoreuses perd absolument cet avantage quand on l'apporte sur notre terre. On en a conclu que c'étoit à la philosophie expérimentale à rectifier les calculs de la géométrie, & cette conseguence a été avouée même par les géométres. Mais à quoi bob corriger le calcul géométrique par l'expérience? N'est il pas plus court de s'en tenir au résultat de celle-ci? d'ou l'on voit que les mathématiques, trascendantes sur-tout, ne conduisent à rien de porci, sans l'expérience; que c'est una espèce de métaphysique générale où les corps sont dépoullès de leurs qualités individuelles, & qu' il resteroit au moins à faire un grand ouvrage qu'on pourroit appeler l'*Application de l'expérience à la géométrie*, ou *Traité de l'aberration des mesures*. Je ne sçais s'il y a quelque rapport entre l'esprit du jeu & le génie mathématicien; mais il y en a beaucoup entre un jeu & les mathématiques, Laissant a part ce que le sort met d'incertitude d'un coté, ou le comparant avec ce que l'abstraction met d'inexactitude de l'autre, une partie de jeu peut être considérée comme une suite indéterminée de problêmes à résoudre après des conditions données. Il n'ya point de questions de mathématiques à qui la même definition ne puisse convenir; & la *Chose* du mathématicien n'a pas plis d'existence dans la nature que celle du joueur. C'est de part & d'autre une affaire de conventions. Lorsque les géométres ont décrié les métaphysiciens, ils étoient bien éloignés de penser quer toute leur science n'étoit qu'une Mètaphysique. On demandoit un jour: Qu' est che qu' un métaphysicien? Un géométre répondit: c'est un homme qui ne sçai rien. Les chymistes, les physiciens, les naturalistes, & tout ceux qui se livrent à l'art experimental, non moins outrés dans leur jugement, me paroissent sur le point de vanger la métaphysique, & d'appliquer la même définition au géométre. Ils disent: A quoi servent touyes ces profondes théoties des corps celeste, tout ces énormes calculs de l'astronomie rationelle, s'ils ne dispensent point Bradley ou Le Monnier d'observer le ciel? ... Nous touchon au moment d'une grande revolution dans les sciences. Au penchant que les esprits me paroissent avoir àla morale, aux belles-lettres, à l'histoire de la Nature & à la physique expérimentale, j'oserois presque assurerqu'avant qu'il soit cent ans, on ne comptera pas trois grands géométres en Europe.

Cette science s'arrêtera tout court, où l'auront laissé les Bernoulli, les Euler, les Maupertuis, les Clairaut, les Fontaine & les d'Alembert. Ils auront posé les colonnes d'Hercule. On n'ira point au-delà. Leurs ouvrages subsisteront dans les siècles à venir, comme ces piramides d'Egypte dont les masseschargées d'hiérogliphes réveillent en nous une idée effrayante dee la puissance, & des ressources des hommes qui les ont élevées.» *Pensées sur l'Intrerpretation de la Nature*.

Questo per tutti i titoli rispettabile Autore dopo tutta questa eloquantissima amplificazione con miglior senno, e non maggior apparenza di verità conclude acconciamente così:

«Et je dis heureux *le Géométre* en qui une étude consommée des sciences abstraites n'aura point affoibli le goût des beaux arts, à qui Horace & Tacite seront aussi familiers que Newton, qui sçaura découvrir les propriétés d'une courbe & sentir les beautés d'un poëte, dont l'esprit & les ouvrages seront de tous les temps, & qui aura le mérite de toutes les académies! Il ne se verra point tomber dans l'obscurité; il n' aurà point à craindre de survivre à sa renommée.»

DIDEROT, DENIS, «De l'interpretation de la Nature», *Pensèes sur l'interpretation de la Nature*, Amsterdam, 1754, pp. 1 – 5.

[b] Il y a (dic'egli *Hist. Nat.* Tom. I. *Premier Discours*) plusieurs espéces de vérités, & on a coûtume de mettre dans le premier ordre les vérités mathématiques, ce ne sont cependant que des vérités de définition; ces définitions portent sur des suppositions simples, mais abstraites, & toutes les vérités en ce genre ne sont que des conséquences composte, mais toûjours abstraites, de ces définitions. Nous avons fait les suppositions, nous les avons combine de toutes les bacon, ce corps de combinations est la science mathématique; il n'y a donc rien dans cette science que ce que nous y avons mis, & les vérités qu'on en tire ne peuvent être que des expressions differentes sous les quelles se présente4nt les suppositions que nous avons employées; ansi les vérités mathématiques ne sont que les répétitions exactes des définitions ou suppositions. La dernière conséquence n'est vraie que parce qu'elle est identique avec celle qui la précéde, & que celle-ci l'est avec la précédente, & ainsì de suite en remontand jusqu' à la premiére supposition; & comme les définitions sont les seuls principes sur lesquels tout est établi, & qu'elles sont arbitraires &

relatives, toutes les consequences qu'on en peut tirer sont également arbitraires & relatives. Ce qu'on appelle vérités mathématiques se réduit donc a des identités d'idées & n' a aucune réalité: nous supposons, nous raisonnons sur nos suppositions, nous en tirons des conséquences, nous concluons, la conclusion ou dernière conséquence est une pro position vraie, relativement à notre supposition, mais cette vérité n'est pas plus réelle que la supposition elle-même. Ce n'est point ici le lieu de nous étendre sur les usages des sciences mathématiques, non plus que sur l'abus qu' on en peut faire, il nous suffit d'avoir prouvé que les vérités mathematiques ne sont que des vérités de définition, ou, si l'on veut, des expressions différentes de la même chose, & qu'elles ne sont vérités que relativement à ces même4s définitions que nous avons faites; c'est par cette raison qu'elles ont l'avantage d'être toûjours exactes & démonstratives, mais abstraites, intellectuelles & arbitraires.

Les vérités physiques, au contraire, ne sont nullement arbitraires & ne dépendent point de nous, au lieu d'être fondées sur des suppositions que nous avons faites, elles ne sont appuyées que sur des faits; une suite de faits semblables, ou, si l'on veut, une répétition fréquente & une succession non interrompe des mêmes événemens, fait l'essence de la vérité physique; ce qu'on appelle vérité physique n'est donc qu' une probabilité si grande qu' elle équivaut à une certitude. En Mathématique on suppose, en Physique on pose & on établit; là ce font des définitions , ici ce font des faits; on va de définitions en définitions dans les Sciences abstraites, on marche d'observations en observations dans les Sciences réelles; dans les premières on arrive a l'évidence, dans les dernières à la certitude… Il y a bien peu de sujets en Physique où l'on puisse appliquer aussi avantageusement les sciences abstraites, & je ne vois guère que l'Astronomie, & l'Optique auxquelles elles puissent être d'une grande utilité; l'Astronomie par les raisons que nous venons d'exposer, & l'Optique parce que la lumière étant un corps presqu' infiniment petit, dont les effets s'opèrent en ligne droite avec une vitesse presque infinie, ses propriétès sont presque mathématiques, ce qui fait qu'on peut y appliquer avec quelque succès le calcul & les mesures géometriques.»

Per altro questo insigne Filosofo, e Scrittore originale, a cui sono altresì familiari le Matematiche più sublimi, confessa con tutto il candore, e verità, che « la plus belle & la plus heureuse application qu'on en ait jamais faite, est au système du monde; & il faut avouer que si Newton ne nous eût donné que les idées physiques de son système, sans les avoir appuyées sur des évaluations precise & mathématiques, elles n'auroient pas eu à beaucoup près la même force; mais on doit sentir en même temps qu'il y a très-peu de sujets aussi simples, c'est-à-dire, aussi dénués de qualités physiques que l'est celui-ci; car la distance des planate est si grande qu'on peut les considérer les unes à l'égard des autres comme n'étant que des points: on peut en même temps, sans se tromper, faire abstraction de toutes les qualités physiques des planète, & ne considérer que leur force d'attraction: leurs mouvements sont d'ailleurs les plus réguliers que nous connoissions, & n'éprouvent aucun retardement par la résistence: tout cela concourt à rendre l'explication du systèm edu monde un problème de mathématique, au quel il ne falloit qu'une idée physique heureusement conçûe pour le réaliser; & cette idée est d'avoir pensé que la force qui fait tomber les graves à la surface de la terre, purroit bien être la même que celle qui retient la lune dans son orbite.»

BUFFON, GEORGES-LOUIS LECLERC COMTE DE, *Histoire Naturelle Générale et Particulière, avec la description du Cabinet du Roi*, Premier Discours, «De la manière d' étudier et de traiter l'Histoire Naturelle», Tome Premier, a Paris de l'Imprimerie Royale, 1749, pp. 53 – 59.

[c] Interpr. de la Nat. §. 8.

[d] L'abuso più solenne, che siasi mai fatto delle Matematiche, è quello di aver voluto farne l'applicazione ai punti più ardui, inviluppati, e tenebrosi della Medicina; come se la grand'Arte di guarire, o piuttosto di promettere la guarigione potesse tutta ridursi in Teoremi di Geometria, o in Formole d'Algebra. Tutto si è voluto nell'Economia Animale sottomettere al Calcolo; tutto si è preteso di scandagliare col compasso e colla squadra dei Geometri. La manìa di calcolare è divenuta nella maggior parte de' Medici Geometri, o per meglio dire de' Geometri Medici, singolarmente Inglesi, una malattia epidemica. Calcolo Diffe4nziale, Calcolo Integrale, Geometria Sublime, Analisi tutto si è fatto servire all'appoggio dell'errore, come della verità, e più spesso dell'uno che dell'altra; credendosi forse, che le linee dei Geometri, e le cifre degli Algebristi per qualche forza magica o per qualche secreta virtù avessero la prerogativa di trasformar l'errore in verità, e l'oscurità in evidenza. La stravaganza in questo genere è arrivata tant'oltre, che si è finanche intrapreso di fissare le dosi de' Medicamenti per mezzo delle ordinate di una Curva, i di cui diversi segmenti rappresentano la durata della Vita: ed affinché nessuna specie di ridicolo rimanesse celata agli occhi del Pubblico, e tutte le stranezze possibili fossero autorizzate, il famoso Scozzese Pitcairn si propose a sangue

freddo e con tutta la serietà nelle sue Opere il Problema (forse un pocolin più difficile, e senza dubbio infinitamente più utile di quello della quadratura del cerchio), DATA QUALUNQUE MALATTIA, RITROVARNE IL RIMEDIO; e recatane con tutta la buona fede una sua soluzione, contento e soddisfattissimo di se medesimo conclude colla formula sacra dei Geometri, QUOD ERAT DEMONSTRANDUM. È uno spettacolo singolare e un contrasto de' più bizzarri l'osservar da una parte la franchezza, colla quale i Medici calcolano, pesano, misurano tutti i moti, e tutte le forze più occulte del Corpo Umano; e dall'altra la ritenutezza e la modestia, colla quale i più grandi Geometri parlano della propria insufficienza e dell'impotenza della lor Arte a penetrar questi arcani. Il profondo e sublime Geometra Sig. D'Alembert nella Prefazione dell'eccellente Trattato del Moto, ed Equilibrio de' Fluidi protesta di esser molto lontano dal credere, che la Teoria dea esso stabilita intorno al moto de' fluidi nei Tubi flessibili, «puisse nous conduire à la connaissance de la Méchanique du Corps humain, de la vitesse du sang, de son action sur les vaisseaux dans lesquels il circule &c. Il faudroit pour russi dans une telle recherche, savois exactement jusqu'à quel point les vaisseaux peuvent se dilater, connoître parfaitement leur figure, leur élasticité plus ou moins grande, leurs différentes anastomoses, le nombre, la force & la disposition de leurs valvules, le degré de chaleur & de tenacité du sang, les forces motrices qui le poussent &c. Encore quand chacune de ces choses seroit parfaitement connue, la grande multitude d'élémens qui entreroient dans une pareille Théorie, nous conduiroit vraisemblablement à des calculs impraticables. C'est en effets ici un des cas les plus composés d'un Problème, dont le cas le plus simple est fort difficile à résoudre. Lorsque les effets de la nature sont trop compliqués, & trop peu connus pour pouvoir être soumis à nos calculs, l'Experience, comme nous l'avons déja dit, est le seul guide qui nousn reste: nous ne pouvons nous appuyer que sur des inductions déduites d'un grand nombre de faits. Voilà le plan que nous devons suivre dans l'examen d'une Machine aussi composée que le Corps humain. Il n'appartient qu'à des Physiciens oisifs de s'imaginer qu'à force d'Algébre & d'hypotheses, ils viendront à bout d'en dévoiler les ressorts, e de réduire en calcul l'aret de guérir des hommes».

Un altro illustre Filosofo, cioè il Maupertuis nella sua Lettera sopra la Medicina riprovando anch'egli il coraggio di que' Jatro-Matematici, che vogliono applicare senza limitazione alcuna ad onta della natura, e della ragione le leggi dell'Idrodinamica al movimento de' Fluidi del Corpo Umano, racconta la leggiadra novella di quel Medico, il quale avendo calcolato matematicamente tutti gli effetti delle diverse sorti di Salasso, esaminati que' calcoli da un gran Geometra, e trovatili tutti insussistenti e paralogistici, diede il libro alle fiamme, e non lasciò per questo di far sempre salassare i suoi ammalati secondo la sua Teoria. «C'est peut-être (dice questo gentile e giudizioso Scrittore) un paradoxe de dire que le progrès qu'on fait les Sciences dans ces derniers siècles, à été préjudiciable à quelques unes; mais la chose n'en est pas moins vraye. Frappé des avantages des Sciences Mathématiques, on a voulu le4s porter jusques dan celles qui n'en étoient pas susceptibles, ou qui n'en étoient pas encore susceptibles. On avoit applique fort heureusement les calculs de la Géometrie aux plus grands Phénomènes de la nature: lorsqu'on à voulu descendre à une Physique plus particulière, on n' à pas eû le même succès: mais dans la Médicine, on à encore moins réussi. J'ai connu un Médecin fameux qui avoit calculé mathématiquement tous les effets des différente4s sortes de saignées: Les nouvelles distributions di sang qui doivent se faire, & les différens dégrés de vîtesse qu'il acquiert ou perd dans chacque artère & dans chaque veine: Son Livre alloit être donné à l'Imprimeur, lorsque sur quelque petit scrupule, l'Auteur me pia de l'examiner: Je sentis bientôt mon insuffisance; & remis la chose à un grand Géomètre qui venoit de puglie un Ouvrage excellent sur le mouvement des Fluides. Il lut le Livre sur la saignée; il y touva résolus une infinité de Problèmes insolubles, dont l'Auteur n'avoit pas soupçonné la difficulté; & démontra qu'il n'y avoit pas une pro position qui pût subsister. Le Médecin jetta son Livrea u feu, & n'en continua pas moins de faire saligne ses malate suivant sa théorie.» Ma chi volesse per tutto questo escludere interamente dalla Razional Medicina e dalla Fisiologia il saggio e moderato uso delle Matematiche, di cui molti hanno abusato, sarebbe da paragonarsi a quel moderno Orator malinconico, il qual vorrebbe condurci tutti a pascolare perché s'incontrano degli Uomini malvagj nella società. Qual è mai quella cosa, di cui gli Uomini non abbiano abusato? Si abusa tutto giorno della ragione: ma chi volesse per questo proscriverne l'uso, meriterebbe più il titolo di animal ragionevole? Basta dare un'occhiata alle Opere dei Borelli, Bellini, Pitcairn, Keil, Cheyne, Michelotti, Jurin, Boerhaave, Hales, Porterfield, Stuard, Witringam, Robinson, Hamberger, e sopra tutto a quelle dell'immortale Sauvages per conoscere, anche a fronte di qualche abuso, quai sussidj e vantaggi abbia riportato, e a qual grado di sublimità, e di eccellenza sia stata condotta la Teorica Medicina mediante l'applicazione della Meccanica, e l'uso opportuno delle dottrine Matematiche. Questa verità riconosciuta da chiunque ha fior di senno, autorizzata dal suffragio de' più illuminati, e confermata dai progressi visibili dell'Arte, è nota oggimai anche alle Donne, e la grand' Opera Medico-Matematica dell'Emastatica di Hales tradotta e postillata dalla celebre Signora Mariangela Ardinghelli ne è una pruova illustre e recente. La grand' obbiezione che fanno gli Anti-Matematici contro qualunque uso della Geometria nella ricerca del meccanismo del Corpo Umano, è fondata sulla discordia de' più insigni Jatro-Matematici intorno ad un punto primario e capitale della Fisiologia, cioè intorno alla misura della Forza del Cuore. Mirate (dicono questi innocenti nemici della Geometria) i Meccanici armati contro i Meccanici, i Geometri contro i Geometri. Osservate la bella concordia di questi calcolatori della Forza del Cuore, i quali pur gridano tutti, e ripetono in ogni pagina *verità, evidenza, dimostrazione*. Vedete (per nominarne due soli de' più segnalati) da una parte il Borelli misurar questa forza, e ritrovarla di cent'ottanta mila libbre; rimirate dall'altra il Keil calcolar la medesima del peso di ott'oncie. Che più si desidera, se i geometri stessi mettono in mostra in sì scandalosa maniera le loro vergogne?

Quest'obiezione che ha un mezzo secolo di età, che si legge in tutti i libercoli, che corre per tutte le bocche, non merita una seria confutazione. Non può un Medico, e né tampoco un Filosofo ignorare senza suo disonore, che tre differenti specie di forze possono ne' muscoli considerarsi; 1° la forza di tenacità; 2° la forza contrattiva *intera e reale*; 3° la forza contrattiva *apparente e parziale*. Si misura la prima dal massimo peso, che può il muscolo senza rompersi sostenere; la seconda dalla somma totale delle azioni e degli sforzi impiegati dalla potenza motrice per contrarre il muscolo; la terza dal peso apparente e sensibile, che il muscolo sostiene nella contrazione senza por mente agli sforzi che si distruggono, o agli organi comodi o incomodi per sostenerlo. Chi non vede ora, che secondo i differenti oggetti, che si prenderanno di mira nel calcolare la forza del Cuore, differenti altresì dovrann'essere i risultati? Qual meraviglia, che i Calcoli di Borelli, di Keil, di Jurin, di Morland, di Tabor, di Hales, di Morgan, di Robinson, di Sauvages, di Bernoulli non si accordino punto tra loro, se uno cerca la forza totale del cuore, un altro una parte di questa forza, un terzo quella del sangue all'entrar nell'aorta, e così discorrendo? La meraviglia sarebbe e lo scandalo della Geometria, che questi calcoli si trovasser concordi, e fossero tutti uniformi: O anzi per parlare con maggior esattezza, la loro diversità consiste unicamente ne' termini, non già nella cosa; a questo modo appunto che può dirsi con verità, e senz'ombra di contraddizione, che la forza del muscolo deltoide uguaglia un peso di cento mila libbre, e un peso di dieci libbre, calcolando nel primo caso la forza intera e reale; nel secondo la forza sensibile, che si riduce a sostenere dall'estremità della mano a braccio disteso il solo peso di dieci libbre; siccome ha dimostrato l'illustre Sauvages dopo il Borelli colla correzione di Parent, intorno a' punti d'appoggio delle ossa, ed al calcolo degli sfregamenti. Se io per cagion d'esempio giusta il sensatissimo riflesso di Sauvages nelle sue eccellenti annotazioni all'opera citata di Hales, voglio sapere qual peso può sostenere lo stantuffo d'una scilinga tirata secondo il suo asse; ne faccio l'esperimento, e trovo, se vogliamo, che un tal peso arriva a dieci mila libbre. Se dopo voglio sapere qual peso può sostener lo stantuffo tirato orizzontalmente, e tirato pe4r una direzione perpendicolare al suo asse; fo il calcolo, e lo ritrovo di xcento libbre. Se finalmente voglio conoscere e il peso equivalente alla forza, colla quale lo stantuffo spinge l'acqua per la cannella della scilinga, e il peso che può sostenere quest'acqua nell'uscire dalla cannella; supposta la base dello stantuffo dieci volte maggiore della sezione della cannella, fatta la pruova ritrovo il primo peso per esempio di dieci libbre, il secondo di una libbra. Tutti questi calcoli sono giusti, e niuno dirà mai, che siano tra loro discordanti e contradditorj. Come dunque potrà dirsi, che i calcoli fatti dai Medici Meccanici per misurar la forza del cuore si combattono e contraddicono? Possono, egli è vero, esser fondati sopra dati anatomici poco giusti, possono per mancanza di esatte misure, mancar di rigore e di esattezza; ma per renderli più esatti, o più prossimi alla verità, non altro abbisogna che prendere più giuste e accurate le misure del cuore, e dei vasi: La Geometria stessa correggerà gli errori dei Geometri, e dagli errori medesimi che verranno da lei emendati si farà strada verso la verità. La discordanza dunque di queste computazioni, che scandalizza gl'innocenti e i pusilli, è un nuovo argomento per li Geometri, onde far maggiormente conoscere la debolezza de' loro Avversarj, ridotti a far uso d'un arme sì fragile, e sì spuntata. Quindi è, che l'insigne Senac, la di cui autorità non può essere in alcun conto sospetta, nella bella Prefazione del suo grande ed eccellente Trattato del Cuore dopo avere con tutta l'energia esposti gl'inconvenienti dell'abuso delle Matematiche nella Medicina conclude divinamente così: DE TELLES RAISONS N'EXCUSENT PAS L'IGNORANCE DE CEUX QUI SANS LE SECOURS DE LA GÉOMÉTRIE CROYENT POUVOIR PÉNÉTRER DANS LE MÉCHANISME DU CORPS HUMAIN. TOUS LEURS PAS SERONT MAQUÉS PAR DES ERREURS GROSSIÈRES; ILS NE SÇAUROIENT APPRÉCIER LES OBJETS LES PLUS SIMPLES; TOUT CE QUI AURÀ QUELQUE RAPPORT AVEC LA SOLIDITÉ, LES SURFACÉS, L'ÉQUILIBRE, LES FORCES MOUVANTES, LE CORS

DES LIQUEURS, SERA UN ÉCUEIL POUR EUX. SI LA GÉOMÉTRIE NE NOUS OUVRE PAS LES SECRETS DE LA NATURE DANS LES CORPS ANIMÉS ELLE EST UN PRÉSERVATIF NÉCESSAIRE, C'EST UN FLAMBEAU QUI EN ÉCLAIRANT NOS PAS, NOUS EMPÊCHE DE FAIRE DES CHÛTES HONTEUSES QUI EN ATTIREROIENT D'AUTRES. LES ERREURS SONT PLUS FECONDES QUE LA VÉRITÉ; ELLES ENTRAINENT TOUJOURS AVEC ELLES UNE LONGUE SUITE D'ÉGAREMENS.

Noi chiuderemo questa nota col grazioso apologo del tante volte lodato Boissier de Sauvages.
(Hales *Hæmastatique Introd., Remarque de* Mr. Sauvages).

Un homme ayant un œuil poché,
Et voyant assez peu de son autre visière,
S'écroit un jour, fort fâché
De n'avoir pas sa vuë entiere:
Quoi! N'y voir qu'à demi! J'aime mieux n'y poin voir;
   On me rit au nés quand je lorgne,
   Qui pis est on m'appelle borgne.
Il faut avoir deux yeux ou bien n'en point avoir:
Vous en serez la dupe, ô Nature marâtre,
Car je vai sur l'œuil sain m'appliquer un emplâtre.
   Nôtre homme & ses belles raisons
   Sentoient les petites-maisons.
Cependant nous viyons des Méde4cins fort graves
   Qui raisonnent tout comme lui:
De la Géométrie on vent nous rendre enclave;
   Par tout on la vante aujourdui;
Sa méthode, dit-on, qu' à nôtre Art on applique,
Fait raisonner plus juste & voir même plus clair;
   Sans elle, il est vrai, la Physique
   Ne fait que des contes en l'air.
Mais que nous apprend-elle en l'essence des choses?
Presque rien: ce ne sont que de certains rapports;
On fait quelques effets, mais en fait-on les causes?
   Et sans sortir de nôtre corps,
En voit-on le tissu, les fibres, les ressorts?
Quelqu' un en a-t-il pris les exactes mesures?
   Les règles, il est vrai, sont sûres,

Mais pour les appliquer on fait de vains efforts.
   C'est fort bien raisonné sans doute:
Puisqu'en l'Art d'Hippocrate on ne voit presque goute;
Il faut fermer les yeux & marcher à tâtons;
Etant tous quinze-vingts, pour mieux trouver la route
Il ne resteroit plus qu'à jetter nos bâtons.

(e)   Newton *Princ. Præf.*, D'Alembert *Dynam. Disc. Prél.*, Buffon. *Hist. Nat. Préf.*

È degnissimo di tutta la considerazione ciò che avverte nel luogo citato l'incomparabile Geometra e Filosofo Sig. D'Alembert: «La certitude des Mathématiques est un avantage que ces Sciences doivent principalement à la simplicité de leur objet. Il faut avouer même, que comme toutes les parties des Mathématiques n'ont pas un objet également simple, aussi la certitude proprement dite, celle qui est fondée sur des principes nécessairement vrais & évidents par eux-mêmes, n'appartient ni également, ni de la même manière à toutes ces parties. Plusieurs d'entre elles, appuyées sur des principes Physiques, c'est-à-dire sur des vérités d'expérience, ou sur de simples hypothèses, n'ont, pour ainsi dire, qu'une certitude d'expérience, ou même de pure supposition. Il n'y a, pour parler exactement, que celles qui traitent du calcul des grandeurs, c'est-à-dire l'Algèbre, la Géométrie & la Mécanique, qu'on puisse regarder comme marquées au sceau de l'évidence. Encore y a-t-il dans la lumière que ces Sciences présentent à notre esprit, une espèce de gradation, &, pour ainsi dire, de nuance à observer. Plus l'objet qu'elles embrassent est étendu, & considéré d'une manière général & abstraite, plus aussi leurs principes sont exempts de nuages & faciles à saisir. C'est par cette raison que la Géométrie est plus simple que l'Algèbre. Ce paradoxe ne paraîtra point tel à ceux qui ont étudié ces Sciences en Philosophes : les notions les plus abstraites, celles que le commun des hommes regarde comme les plus inaccessibles, sont souvent celles qui portent avec elles une plus grande lumière : l'obscurité semble s'emparer de nos idées à mesure que nous examinons dans un objet plus de propriétés sensibles ; l'impénétrabilité, ajoutée à l'idée de l'étendue, semble ne nous offrir qu'un mystère de plus ; la nature du mouvement est une énigme pour les Philosophes ; le principe Métaphysique des lois de la percussion ne leur est pas moins caché ; en un mot plus ils approfondissent l'idée qu'ils se forment de la matière, & des propriétés qui la représentent, plus cette idée s'obscurcit & paraît vouloir leur échapper ; plus ils se persuadent que l'existence des objets extérieurs, appuyée sur le témoignage équivoque de nos sens, est ce que nous connaissons le moins imparfaitement en eux. »

D'ALEMBERT, JEAN LE ROND, «Discours préliminaire», in *Traité de dynamique*, Paris, chez David l'aîné, 1743.

La semplicità dell'oggetto è quindi il principale criterio di certezza per d'Alembert; ma la presenza dell'avverbio «principalmente» indica che non solo dalla semplicità deriva il grado di certezza di una scienza. Il secondo per importanza è il rigore delle concatenazioni logiche. In questo quadro D'Alembert presenta la meccanica come certa come la matematica. Anzi informa il lettore che solo tre scienze godono del più alto grado di certezza: l'algebra, la geometria e la meccanica, in quanto caratterizzate dalla semplicità del oggetto di ciascuna. In seguito precisa il criterio di semplicità con quello della generalità dell'oggetto: «Più l'oggetto sul quale si esercita la scienza è vasto e considerato in modo generale ed astratto, più i loro principi sono esenti da oscurità e verificabili con facilità». Come dire che una scienza sarà tanto più perfetta e i suoi principi evidenti quanto più generale il suo campo di applicazione. Tale criterio consente a D'Alembert di stabilire, fra le tre del gruppo di massima certezza, una gerarchia: l'algebra è più semplice della geometria (e questa della meccanica) perché i principi dell'algebra sono più semplici di quelli della geometria e della meccanica.

[f] Mech. Tom. I. 676. 762.

[g] *Mech. Tom.* I. §. 272. Questi piccioli nei, che s'incontrano nell'eccellente Meccanica d'un sì profondo Calcolatore, (al quale con tutta giustizia e verità può applicarsi il greco proverbio [...]) rilevati con acerbità da Beniamino Robins nel Libro intitolato Remarks on Mr. Euler treatise of motion by Benjamin Robins, non fanno alcun torto all'immenso sapere e all'inarrivabile penetrazione di quel grandissimo Geometra, le di cui Opere tanto varie originali e sublimi faranno fede alla più rimota Posterità, che nel Secolo decimottavo l'ingegno umano a forza d'Algebra, e di Geometria è salito a tanta altezza, a cui niuno avrebbe creduto che potesse mai pervenire. Quando cotesto Sig. Robins, che insulta l'illustre Giovanni Bernoulli, che tratta da ignoranti i celebri Smith, e Jurin, che discende persino alla bassezza (*A Discourse concerning Nat. and certainty of Fluxions*) di tradurre il gran Newton per Uomo

imbrogliato e confuso, ci darà qualche cosa che vaglia la Meccanica del Sig. Euler, allora noi gli perdoneremo la sua animosità, le sue critiche, e i suoi errori.

[h] Il bel problema di ridurre qualsivoglia immaginaria quantità, e comunque complicata e composta, alla dorma semplicissima $A + B\sqrt{-1}$, dove A, e B denotano qualunque quantità reale, è stato prima dimostrato dal Sig. D'Alembert nel tom. II. delle Memorie dell'Acc. di Berlino, poi dal Sig. Euler nel tom. V. delle stesse Memorie, dal Sig. Bougainville nell'Introduzione al suo Calcolo Integrale, e finalmente dal Sig. Foncenex nella sullodata Dissertazione.

[i] Un Valentuomo in un libro intitolato *Commentarii Duodecim De Rebus Ad Scientiam Naturalem Pertinentibus, Praef. p. XIV.*, parlando a questo proposito dice: *quod est festivius &c.* Questo Valentuomo, di cui rispettiamo i talenti, ci permetterà di essere intorno a ciò d'un altro sentimento, per non trovarci obbligati [volendo esser coerenti] a difendere de' paradossi, che è assolutamente impossibile di conciliare coi canoni della Logica, e colle regole del retto discorso.

Non eadem sentire duos de rebus eisdem
Incolumi licuit semper amicitia.

APPENDICI

AVVERTENZA

Nella convinzione che il significato della dissertazione anonima e delle «riflessioni» di Fontana si possa comprendere appieno solo in riferimento al particolare momento storico nel quale la meccanica analitica andava prendendo forma e che sia di grande interesse la conoscenza dei parametri culturali di cui gli studiosi del tempo si servivano per interpretarlo, abbiamo ritenuto che un importante ausilio possa venire dalle pagine che Cousin e Lagrange hanno dedicato, quasi simultaneamente, alla storia della meccanica. Abbiamo quindi considerato di rendere un servizio al lettore riportando in appendice il discorso preliminare alla «Introduction à l'étude de l'Astronomie Physique» di Cousin e l'introduzione alla dinamica tratta dalla «Mécanique analitique» di Lagrange.

Confidiamo inoltre che possa essere di ausilio alla lettura il breve dizionario degli autori illustri che vengono citati nei due saggi e che costituiscono le figure di riferimento per chiunque voglia accostarsi alla storia della nascita della meccanica analitica e, in generale, alla diffusione delle applicazioni dell'analisi matematica alle varie scienze.

APPENDICE 1.

JACQUES ANTOINE JOSEPH COUSIN, INTRODUCTION À L'ÉTUDE DE L'ASTRONOMIE PHYSIQUE,

DE L'IMPRIMERIE DE DIDOT, L'AINÉ, PARIS, 1787.

DISCORSO PRELIMINARE

Letto alla seduta pubblica del Collegio reale l'11 novembre 1782.

È nell'opera immortale di Newton[1] che si trova la prima idea dell'applicazione della geometria alla fisica celeste.

Ma non si sarebbe potuto perfezionare tutte le parti di un'impresa tanto grande senza estendere i limiti del calcolo integrale e della dinamica. Tre geometri. Euler, Clairaut e d'Alembert, concorrendo all'impresa, pubblicarono nello stesso tempo ciascuno una diversa soluzione del problema dei tre corpi. Non si tratta, in queste soluzioni, che dei movimenti progressivi; e poiché i corpi, in virtù delle forze attrattive che li animano, possono assumere altri movimenti intorno al loro centro di gravità, rimaneva da risolvere un problema ancora più difficile: lo fu da d'Alembert.

Prima dell'epoca ormai celebre di cui parliamo, l'accademia delle scienze aveva proposto la questione del flusso e riflusso del mare. Fra le dissertazioni che parteciparono al concorso, quelle di Maclaurin, Euler e D. Bernoulli, aggiunsero molto alla teoria che Newton aveva dato di questo fenomeno. Fu ulteriormente perfezionata da d'Alembert nell'opera sulla causa dei venti, nella quale fece uso per la prima volta di un calcolo destinato a spostare in avanti i confini delle scienze fisico- matematiche. Lungo tempo dopo, negli ultimi volumi dell'accademia delle

---

[1] *Philosophiæ naturalis principia matematica.*

scienze, de la Place ha trattato lo stesso problema in modo affatto nuovo; sottoponendo al calcolo le oscillazioni delle acque del mare, e l'influenza che possono avere sulla precessione degli equinozi e sulla nutazione dell'asse della terra.

I moti di precessione e di nutazione non sono propri solo della terra. Quelli della luna furono oggetto del premio bandito dall'accademia delle scienze nel 1764. De la Grange, autore della dissertazione coronata, riprende il problema generale, e la sua soluzione si accorda perfettamente con la prima che era stata data: spiega in maniera tanto felice i fenomeni di cui parliamo, che fu possibile dedurre immediatamente dalla teoria l'uguaglianza dei moti retrogradi dei punti equinoziali lunari e dei nodi dell'orbita, quantunque questa uguaglianza non fosse nota per osservazione.

La forma dei corpi che agiscono gli uni sugli altri deve necessariamente influire su tutti questi risultati. Fu per determinare quella della terra che vennero intrapresi i viaggi al Nord e in Perù, nel corso dei quali i nostri accademici francesi misero egualmente in evidenza coraggio e capacità, nonché la misura del grado di latitudine fra Parigi ed Amiens e molti altri lavori. Tutte queste campagne di misura danno la terra appiattita; e se sembrano non concordare sull'entità dell'appiattimento, è perché niente esige che sia di forma regolare, come la richiede la teoria, senza essersi ancora pronunciata su tutte le figure che si possono ammettere.

La terra, che ha una parte fluida, ha un moto di rotazione intorno al proprio asse: tutte le molecole che la compongono si attirano mutuamente e sono attratte dai corpi che le circondano: a causa di queste diverse azioni, come può sussistere equilibrio? Il problema, sotto questo punto di vista, sembrava andare oltre le forze dello spirito umano. Ma se a questo si aggiunge che, quale che sia la forma della terra, dev'essere pressoché sferica, e che comunque la forza centrifuga è infinitamente minore di quella di gravità, l'analista esercitato non considera più come impossibile trovare una soluzione del problema abbastanza prossima a rappresentare i fenomeni con sufficiente esattezza. Le nostre speranze sono pertanto meglio fondate, dato che le ricerche già compiute su questa importante questione hanno portato a dei teoremi molto generali che costituiscono la base delle teorie sul flusso e riflusso del mare di cui stiamo parlando.

Tutti i problemi di astronomia fisica erano stati tradotti in equazioni. Ma poiché queste equazioni non si potevano risolvere esattamente, l'accordo dei risultati con l'osservazione dipendeva unicamente dai metodi di approssimazione. Furono necessarie molte applicazioni differenti per rendersi conto che alcuni dei metodi di cui si era fatto uso con successo in un caso, diventavano insufficienti in altri. Così il metodo dei coefficienti indeterminati, che aveva fornito le ineguaglianze della luna, non poteva dare tutte quelle di giove e saturno e, pur riconoscendo tutto il merito delle dissertazioni che conquistarono i due premi proposti dall'accademia per il 1748 e il 1752, è necessario avvertire che le difficoltà del problema non sono state comprese e risolte che da de la Grange nel terzo volume delle memorie di Torino.[2]

D'Alembert, de Condorcet, de la Place ed altri geometri hanno prodotto in seguito altri metodi che conducono altrettanto sicuramente agli stessi risultati. De la Place, spingendo l'approssimazione più lontano, è pervenuto ad un risultato molto notevole, cioè che la mutua azione dei pianeti non ha potuto alterare sensibilmente i loro movimenti medi.[3]

Si trova nelle memorie di Berlino per il 1776, una bellissima conferma di questa proposizione: essa è un'applicazione molto ingegnosa di un'altra teoria di de la Grange, che avrebbe potuto apparire come molto estranea all'astronomia fisica. Potremmo citare diversi esempi simili, tutti tendenti a provare che la perfezione dell'analisi è uno dei temi più importanti di cui ci si possa occupare. È stato applicando l'algebra alla parte dell'astronomia che ha per fine di ridurre le osservazioni fatte sulla superficie terrestre a quelle che sarebbero nel riferimento del

---

[2] J-L. LAGRANGE, «Méthode génerale pour déterminer le mouvement d'un système quelconque de corps qui agissent les un sur les autres, en supposta que ces corps ne fassent que des oscillations infiniments petites autour de leur points d'équilibre.» in «Solution de différents problèmes de calcul integral», *Miscellanea Taurinensia*, t. III, 1762-1765, pp. 471-668.

[3] Poiché gli astronomi con l'osservazione avevano scoperto che il moto di saturno è soggetto ad un rallentamento secolare, e quello di giove ad un'accelerazione, attribuirono ai due pianeti delle inuguaglianze secolari. Ma de la Place, calcolando con molta cura il rapporto dei loro moti medi e la sua influenza nella teoria delle loro perturbazioni, è arrivato a numerose notevoli equazioni che spiegano i loro singolari scostamenti. Ha riconosciuto che nella teoria dei moti di saturno esiste una ineguaglianza di 46' 49", con una periodicità di circa 919 anni, che dipende cinque volte dal movimento medio di saturno, meno due volte quello di giove; che esiste nel movimento di giove una ineguaglianza corrispondente di 20' di segno contrario, e con lo stesso periodo. A queste grandi inuguaglianze sono dovuti il rallentamento apparente di saturno e l'accelerazione apparente di giove. Questi due fenomeni hanno raggiunto il loro massimo verso il 1580 e, in seguito, i moti meedi apparenti di questi due pianeti si sono avvicinati progressivamente ai loro moti medi. Vi sono anche delle condizioni alle quali devono soddisfare i moti medi dei satelliti di giove. De la Place li ha confermati in questi due teoremi. Il moto medio del primo satellite di giove più due volte quello del terzo è esattamente uguale al triplo di quello del secondo. La longitudine media del primo satellite diminuita del triplo di quella del secondo, più il doppio di quella del terzo dev'essere costantemente uguale a 180°.

centro, alla quale Duséjour ha fatto raggiungere il grado di perfezione che oggi constatiamo.

Mi sia permesso sottolineare qui che gli astronomi ai quali dobbiamo le scoperte più importanti si erano prima distinti per i loro contributi all'analisi matematica. Abbiamo visto per più di vent'anni uno dei nostri più celebri osservatori spiegare, al collegio reale, le opere di Newton, di Eulero, Maclaurin, Bernoulli, ecc. e diventare, per così dire, creatore di una cattedra destinata a perpetuare in Francia il gusto delle scienze fisico-matematiche.[4] Mi riferisco all'astronomia fisica che, fra tutte le scienze, è quella che deve di più all'analisi e che ne attende altri benefici.

Dopo essersi occupato delle mutue perturbazioni dei pianeti e della luna, si è tentati di prendere in esame i satelliti di giove. La causa degli scostamenti a cui sono soggetti è stata oggetto del concorso proposto dall'accademia delle scienze per il 1776. La dissertazione coronata, infinitamente raccomandabile per la profondità dell'analisi di cui si serve, è di La Grange.

Bailly aveva in precedenza pubblicato una teoria di queste perturbazioni. Era entrato allora in una carriera che ha percorso nel seguito con grande successo. Voglio parlare della storia delle scoperte che sono state fatte negli ultimi cinquant'anni nell'una e nell'altra astronomia; scoperte che costituiscono la gloria della presente generazione e soprattutto dell'accademia delle scienze, che vi ha avuto la parte maggiore.[5]

Con il tema messo a concorso l'accademia invita tutti gli studiosi stranieri a concorrere con lei al progresso delle scienze: in questo modo raccoglie i loro pareri sulle importanti questioni che vengono dibattute nel suo seno. Dai dubbi sollevati da diversi dei suoi membri riguardo alle equazioni della luna è sorta l'iniziativa di richiedere una nuova teoria di questo satellite come tema del premio che divise nel 1772 fra Eulero e la Grange. Clairaut aveva applicato molto felicemente la sua

---

[4] Nello stesso tempo, de la Lande dava nuovo lustro alla cattedra di astronomia, pubblicando il trattato più completo mai comparso. La prima edizione di quest'opera è del 1764, la seconda del 1771; e sarà seguita da una terza che è pronta per la stampa. Nessun dubbio che il pubblico accoglierà questa con il favore con cui ha accolto le altre due.
[5] La *Histoire de l'Astronomie* di Bailly è in cinque volumi in-4°. Il primo comprende l'astronomia antica, i tre seguenti l'astronomia moderna dalla fondazione della scuola di Alessandria fino ai nostri giorni, e il quinto l'astronomia indiana e orientale. Un'opera piena di profonde ricerche e nella quale si trovano riunite le grazie dello stile e la critica più sensata, pienamente degna del successo ottenuto.

soluzione del problema dei tre corpi alla determinazione degli spostamenti che la cometa del 1682 poteva aver subito durante la sua corsa da parte dei corpi celesti che conosciamo; e questo non impedì all'accademia di proporre la causa delle perturbazioni che le comete possono subire in generale, come tema del premio che venne assegnato nel 1780 a de la Grange.

Una teoria che consente di calcolare il tempo del ritorno delle comete conosciute. Allorché una cometa si mostra per la prima volta, occorrono altri metodi per sviscerare dalle osservazioni le caratteristiche del suo moto e i caratteri che la renderanno riconoscibile in futuro. Questo problema, come il precedente, ha impegnato geometri di prima grandezza che hanno proposto soluzioni diverse.[6]

Può l'azione delle comete influire sui moti dei pianeti lontani dal sole? È più che verosimile che questa influenza non debba essere per nulla sensibile. D'altra parte, de la Grange ha dimostrato rigorosamente che l'azione mutua dei pianeti non può essere causa delle accelerazioni dei loro moti medi e della variabilità delle loro distanze medie; è necessario quindi cercare qualche altra spiegazione delle inuguaglianze secolari, se è vero che il fenomeno esista.[7]

L'abate Bossut la trova nella resistenza dell'etere. De la Place avanza un'altra ipotesi, cioè che la gravitazione stabilita da Newton[8] non agisca nello stesso modo

---

[6] Newton ha trattato per primo questa importante questione nella sua *Philosophie naturelle* (liv. III, propositions 41 e 42); e la sua soluzione è ancora molto valida quando la variazione del moto apparente della cometa in longitudine è più sensibile di quella in latitudine. De la Place, che si è occupato dello stesso problema (*Mémoires de l'académie des sciences*, 1780) osserva che, nei casi ai quali abbiamo accennato, le sue formule non sono che una traduzione analitica del metodo di Newton.
[7] Le prove che se ne avevano dalle equazioni secolari dei pianeti erano unicamente fondate sul rallentamento osservato nel moto medio di saturno, e sull'accelerazione in quello di giove. Ora, avendo de la Place spiegato questi scostamenti mediante inuguaglianze il cui periodo è circa 919 anni, non rimane che l'equazione secolare della luna, per la quale non si hanno altre prove che poche osservazioni compiute in secoli molto lontani, e sull'attendibilità delle quali non si può contare. Comunque sia, le spiegazioni che si sono date di questi fenomeni saranno considerate solo come ipotesi matematiche molto ingegnose.
[8] Nell'antichità si trovano tracce della gravitazione universale. All'inizio dell'ultimo secolo, questa teoria era in generale molto diffusa; ma Newton, determinando la misura precisa della forza che fa tendere i corpi celesti gli uni verso gli altri, ha scoperto la legge che spiega tutte le variazioni dei loro moti. I risultati di questa mirabile teoria rappresentano i fenomeni con la stessa esattezza che se fossero ricavati dalle più accurate osservazioni. Molto del successo si deve al metodo analitico, che non richiede sempre tutto l'apparecchio di calcolo che si trova nelle opere di astronomia fisica. Un modello in questo campo è il *Traité de Newton sur la Lumière*, sul quale i fisici non possono meditare troppo. L'analisi ci insegna a combinare le nostre nozioni particolari per ricavarne idee astratte che abbracciano le proprietà generali dei corpi; ad elevarci, dallo studio dei fenomeni, fino alle leggi immutabili alle quali tutti i mutamenti sono sottomessi. È l'unico metodo che possa guidarci in maniera sicura nei nostri calcoli e nei nostri ragionamenti. È la vera metafisica delle scienze, ben diversa da quell'altra metafisica che si occupa della ricerca delle cause prime per discendere in seguito alla spiegazione dei fenomeni: questa può

su un corpo in moto e su un corpo in quiete, e che non dipenda solo dalle distanze dei corpi e dalle loro masse, ma anche dalle loro velocità.

Tale è il quadro storico delle questioni principali che abbiamo trattato nell'opera che presentiamo al pubblico. I metodi generali di cui ci siamo serviti ci hanno facilitato i mezzi per dedurre dalle nostre formule tutti i teoremi relativi all'astronomia fisica che meritano di essere conosciuti. Ne abbiamo citato gli autori con il massimo scrupolo, soprattutto quando si trattava di idee originali che si possono applicare a molte questioni differenti. Quella di aver trasposto le equazioni di stato nella teoria dei fluidi, come ha fatto per primo Clairaut nella sua opera sulla *Figure de la Terre*, è diventata di questo genere grazie alla scoperta del calcolo integrale alle differenze parziali, delle cui prime applicazioni importanti siamo debitori a d'Alembert; e Eulero, inventore di tale calcolo, mostrandoci tutta l'estensione di cui sono suscettibili le soluzioni di questo tipo, ha aperto una carriera nella quale rimangono ancora molti allori da cogliere.[9]

---

generare solamente sistemi più o meno ingegnosi, che abbagliano per un momento il volgo mediante il loro falso fulgore.

[9] Euler ha dato le equazioni di stato di cui parliamo, nel 7° volume delle antiche memorie di Pietroburgo. È in quella memoria che si pose il problema: essendo z una funzione di x, a, tale che
$$dz = P\,dx + Q\,da,$$
trovare i valori più generali di P e di Q che possano soddisfare l'equazione
$$Q = Fz + PR,$$
dove F è funzione di a ed R è funzione di x e di a. Per risolverlo, si cerca il fattore tale da rendere integrabile $dx + R\,da$: sia S questo fattore, e
$$S\,dx + SR\,da = dT;$$
sia anche
$$\int F\,da = log.B;$$
si trova per i valori richiesti,
$$P = BSf':T, \qquad Q = \frac{z\,dB}{B\,dA} + BRSf':T.$$
Ne seguer
$$dz = BS\,(dx + R\,da)f':T + z\frac{dB}{B} = B\,df:T + z\frac{dB}{B}$$
E di conseguenza,
$$z = Bf:T.$$
Così, già nel 1734 Euler aveva integrato completamente un'equazione alle differenze parziali: la sua memoria è citata da d'Alembert nelle sue *Reflexions sur la cause générale des vents*, che è la prima opera di fisica-matematica in cui ci si è serviti di questo nuovo genere di calcolo. È stato ancora Eulero a dire per primo che niente deve limitare la generalità delle funzioni arbitrarie che entrano negli integrali completi delle equazioni alle differenze parziali; che vi devono essere comprese le funzioni irregolari e discontinue. D'Alembert ha combattuto questa idea fino alla fine; e non ha mai voluto riconoscere tutta l'estensione delle soluzioni che aveva prodotto lui stesso nelle sue *Réflections sur la cause des vents*, nelle sue *Mémoires sur les Cordes vibrantes* e nel suo *Essai d'une nouvelle théorie sur la résistance des fluides*. Non è dunque possibile mettere in dubbio quale fra questi due geometri, Euler e d'Alembert, sia l'inventore del calcolo integrale alle differenze parziali; come non è possibile negare che sia d'Alembert che, per primo, abbia introdotto questo calcolo nelle scienze fisico-matematiche. Euler,

Questa parte dell'opera, nella quale ci sforziamo di rendere a ciascuno ciò che gli è dovuto, non è quella che ci ha presentato le minori difficoltà: perché con quale circospezione e adesione alla verità non si deve parlare degli uomini che hanno illuminato il loro secolo con le loro utili scoperte? Alterare i fatti che li riguardano equivarrebbe a sottrarre alla nazione che le ha prodotte la sua gloria più preziosa agli occhi della ragione.

---

dopo la sua memoria del 1734, ha pubblicato diverse opere nelle quali ha trascurato di impiegare il suo nuovo calcolo; è stato solo dopo le belle applicazioni che ne ha fatto d'Alembert che ci si è resi conto che le soluzioni fino ad allora considerate come generali non lo erano affatto: non si può dunque rifiutare al geometra francese di spartire la gloria della rivoluzione che ha mutato faccia alle scienze fisico-matematiche.

APPENDICE 2.

JOSEPH- LOUIS DE LA GRANGE, MÉCHANIQUE ANALITIQUE

Paris, Desaint, 1788, pp. 158 – 189.

SECONDA PARTE DELLA MECCANICA, OVVERO DINAMICA

SEZIONE PRIMA
Sui diversi Princìpi della Dinamica

La Dinamica è la scienza delle forze acceleratrici o ritardatrici, e dei moti vari che possono produrre. Questa scienza è interamente dovuta ai Moderni, e Galileo è colui che ne ha gettato le fondamenta. Prima di lui, le forze agenti sui corpi erano state prese in considerazione solo nello stato di equilibrio; e poiché non si poteva attribuire l'accelerazione dei gravi, e i moti curvilinei dei proiettili se non all'azione costante della gravità, nessuno era ancora riuscito a determinare le leggi di questi comuni fenomeni, conseguenti ad una causa tanto semplice. Galileo per primo ha fatto questo importante passo, e con ciò ha aperto nuove prospettive e immensi spazi all'avanzamento della Meccanica. Le sue scoperte sono esposte e sviluppate nell'opera che porta il titolo: *Dialoghi delle scienze nuove, ecc.*, pubblicato per la prima volta a Leida nel 1637; queste non gli procurarono, in vita, altrettanta celebrità di quelle che aveva fatto sul sistema del mondo, ma oggi rappresentano la parte più solida e la più reale della gloria di questo grande uomo.

Le scoperte dei satelliti di Giove, delle fasi di Venere, delle macchie solari, ecc., non richiedevano che un telescopio e dell'assiduità; ma ci voleva un genio straordinario per distinguere le leggi della natura all'interno di fenomeni che aveva avuto sempre sotto gli occhi, ma la spiegazione dei quali era tuttavia sempre sfuggita alle ricerche dei filosofi.

Huygens che appariva destinato a perfezionare e completare la maggior parte delle scoperte di Galileo, aggiunse alla teoria dell'accelerazione dei gravi quelle del movimento dei pendoli e delle forze centrifughe, preparando così la strada alla grande scoperta della gravitazione universale. La Meccanica divenne una nuova scienza tra le mani di Newton e i suoi *Principi Matematici*, pubblicati la prima volta nel 1687, rappresentarono l'epoca di questa rivoluzione.

Infine l'invenzione del calcolo infinitesimale mise i Geometri in condizione di ridurre a equazioni analitiche le leggi del movimento dei corpi; e la ricerca delle forze e dei movimenti che ne risultano è diventata di conseguenza il principale obiettivo del loro lavoro.

Mi sono proposto qui di offrire loro un mezzo nuovo di facilitare questa ricerca; ma prima di tutto non sarà inutile esporre i principi che fungono da fondamento alla Dinamica e presentare la successione delle idee che hanno maggiormente contribuito ad estendere e perfezionare questa scienza.

La teoria dei moti vari e delle forze acceleratrici che li producono è fondata su certe leggi generali, che tutto il movimento impresso a un corpo è per sua natura uniforme e rettilineo, e che diversi movimenti impressi in una sola volta o successivamente ad uno stesso corpo, si compongono in maniera che il corpo si trova in ogni istante nel medesimo punto dello spazio in cui dovrebbe trovarsi in effetti per la combinazione di questi movimenti, se ognuno di questi esistesse realmente e separatamente per il corpo. È in queste due leggi che consistono i principi noti come *d'inerzia* e *di composizione*. Galileo ha intuito il primo di questi due principi e ne ha dedotto le leggi del moto dei proiettili, componendo il moto obliquo, effetto dell'impulso comunicato al corpo, con la caduta verticale dovuta all'azione della gravità.

Per quanto riguarda le leggi dell'accelerazione dei gravi, si deducono naturalmente dalla considerazione dell'azione costante e uniforme della gravità, in virtù della quale i corpi, ricevendo in tempi uguali gradi uguali di velocità se mantengono la stessa direzione, la velocità totale acquisita al termine di un qualunque intervallo di tempo deve essere proporzionale a quel tempo: ed è chiaro che anche il rapporto costante tra le velocità e i tempi dev'essere proporzionale alla forza che la gravità esercita per muovere i corpi; cosicché nel movimento sui piani inclinati, tale rapporto non deve essere proporzionale alla forza assoluta della gravità come nel moto di caduta verticale, ma alla sua forza relativa, che dipende dall'inclinazione del piano, e si determina mediante le regole della Statica; il che fornisce un metodo facile per confrontare tra loro i moti dei corpi che scendono lungo piani diversamente inclinati.

Tuttavia non pare che Galileo abbia scoperto in questa maniera le leggi della caduta dei corpi pesanti. Al contrario, egli ha cominciato col supporre la nozione di un moto uniformemente accelerato, nel quale le velocità crescono come i tempi; ne ha dedotto geometricamente le principali proprietà di questo tipo di moto e, soprattutto, la legge di accrescimento degli spazi in ragione dei quadrati dei tempi; solo dopo si è assicurato mediante le esperienze, che questa legge abbia effettivamente luogo nel movimento di caduta dei corpi su piani comunque inclinati. Ma per poter confrontare i moti su piani diversamente inclinati, è stato costretto prima di tutto ad ammettere questo principio precario, che le velocità acquisite nella discesa la altezze verticali uguali, siano anch'esse sempre uguali; e solo poco prima della morte, e dopo la pubblicazione dei suoi *Dialoghi*, che ha trovato la dimostrazione di questo principio, mediante la considerazione dell'azione relativa della gravità sui piani inclinati, dimostrazione che è stata in seguito inserita nelle successive edizioni dell'Opera.

Il rapporto costante che nei moti uniformemente accelerati deve sussistere tra le velocità e i tempi, o tra gli spazi e i quadrati dei tempi, può dunque essere assunto come misura della forza acceleratrice che agisce continuamente sul mobile; poiché in effetti questa forza non si può stimare se non per l'effetto che produce sui corpi e che consiste nelle velocità generata, o negli spazi percorsi nei tempi dati.

Pertanto, per questa misura delle forze, basta prendere in considerazione il movimento prodotto in un tempo qualunque, finito o infinitamente piccolo, a condizione che la forza sia considerata costante in questo tempo; e di conseguenza, qualunque sia il movimento del corpo e la legge della sua accelerazione, se ne potrà sempre ricavare il valore della forza agente su di lui in ogni istante, confrontando la velocità generata in quell'istante con la sua durata, oppure lo spazio percorso in quello stesso istante con il quadrato della sua durata; e non è neppure necessario che questo spazio sia stato realmente percorso dal corpo, basta che possa essere considerato percorso mediante un moto composto, poiché l'effetto della forza è lo stesso nell'uno e nell'altro caso, per i principi del moto prima esposti.

È stato così che Huygens ha scoperto le leggi delle forze centrifughe dei corpi in moto su circonferenze con velocità costanti, e che ha confrontato queste forze fra loro e con la forza del peso sulla superficie terrestre, come si vede dalle dimostrazioni che ha lasciato dei suoi teoremi sulla forza centrifuga, pubblicati nel 1673, alla fine del Trattato *de Horologio oscillatorio*.

Ma Huygens non è andato più avanti, e sarebbe toccato a Newton di estendere questa teoria a curve qualsiasi, e di completare la scienza dei moti vari e delle forze acceleratrici che li possono generare. Questa scienza, infatti, è costituita ora da poche formule differenziali molto semplici; ma Newton ha costantemente fatto uso del metodo geometrico semplificato mediante la considerazione delle prime e ultime ragioni e se si è talvolta servito del calcolo analitico, si è servito unicamente del metodo delle serie, che si deve ben distinguere dal calcolo differenziale, anche se sono simili e si rifanno agli stessi principi.

I Geometri che dopo Newton si sono occupati della teoria delle forze acceleratrici, si sono quasi tutti accontentati di generalizzare i suoi teoremi e di tradurli in espressioni differenziali. Da ciò le diverse formule delle forze centrali che si trovano nella maggior parte delle opere di Meccanica, ma delle quali ora non si fa più uso nelle ricerche sui moti dei corpi soggetti a forze qualunque, perché si dispone di una maniera più semplice di tradurre questi problemi in equazioni.

Se si concepiscono i movimenti di un corpo e le forze agenti su di lui come decomposti secondo tre rette fra loro perpendicolari, si potranno considerare separatamente i moti e le forze relativi a ciascuna delle tre direzioni. Poiché a causa della perpendicolarità delle direzioni, è manifesto che ciascuno di questi movimenti parziali può essere considerato come indipendente dagli altri due, e che può venire alterata solo la componente della forza che agisce nella direzione di questo moto; da cui si può concludere che questi tre moti devono seguire, ognuno in particolare, le leggi dei movimenti rettilinei accelerati o ritardati dalle date forze. Ora, nei moti rettilinei, poiché l'effetto della forza acceleratrice consiste solo nell'alterare la velocità del corpo, questa forza dev'essere misurata dal rapporto fra l'accrescimento o il decremento della velocità su un istante qualunque e la durata di questo istante, vale a dire, dal differenziale della velocità diviso per quello del tempo; e poiché la velocità stessa è espressa nei moti vari come il differenziale dello spazio diviso per quello del tempo, ne segue che la forza di cui parliamo sarà misurata dal differenziale secondo dello spazio diviso per il quadrato del differenziale primo del tempo, supposto costante. Pertanto il differenziale secondo dello spazio che il corpo ha percorso o che si considera abbia percorso seguendo ciascuna delle tre direzioni perpendicolari, diviso per il quadrato del differenziale costante del tempo, esprimerà la forza acceleratrice alla quale il corpo è soggetto secondo la medesima direzione; e dovrà di conseguenza essere uguagliato alla forza attuale che si suppone agire nella data direzione.

Non è necessario che le tre direzioni alle quali si rapporta il moto istantaneo del corpo, siano assolutamente fisse, basta che lo siano per la durata d'un istante. Così nel moto su una traiettoria curva, si possono prendere queste direzioni in ogni istante, l'una secondo la tangente e le altre due secondo le perpendicolari alla curva. Allora, la forza acceleratrice che agisce secondo la tangente, e che si dice *forza tangenziale*, verrà tutta impiegata ad alterare la velocità assoluta del corpo, e sarà espressa dall'elemento di questa velocità divisa per l'elemento di tempo. È questo il significato del noto principio delle forze acceleratrici.

Le forze normali, al contrario, non faranno che mutare la direzione del moto e dipenderanno dalla curvatura della traiettoria. Riducendo queste due ultime forze ad una sola, sarà necessario che la direzione di questa sia nel piano di curvatura e il suo valore si troverà espresso dal quadrato della velocità del corpo diviso per il raggio della sviluppata, vale adire per il raggio del cerchio che misura la curvatura della curva in ciascun punto ed è detto *cerchio osculatore*. Questa è anche l'espressione che Huygens aveva trovato per la forza centrifuga dei corpi che descrivono circonferenze con moto uniforme; e vale in generale per curve e velocità qualsiasi, purché si consideri in ogni istante il corpo come in moto sul cerchio osculatore.

Tuttavia è molto più semplice riferire il movimento del corpo a delle direzioni fisse nello spazio. Allora utilizzando per determinare la posizione del corpo nello spazio, tre coordinate rettangolari con le stesse direzioni, le variazioni di queste coordinate rappresenteranno evidentemente gli spazi percorsi dal corpo secondo le direzioni delle coordinate; e di conseguenza i loro differenziali secondi divisi per il quadrato del differenziale costante del tempo, esprimeranno le forze acceleratrici che devono a gire secondo le stesse coordinate; così uguagliando queste espressioni a quelle delle forze fornite dalla natura del problema, si avranno tre equazioni simili che serviranno a determinare tutte le caratteristiche del moto. Questa maniera di determinare il moto di un corpo soggetto a forze acceleratrici qualsiasi, per la sua semplicità, è preferibile a tutte le altre; sembra che Maclaurin sia stato il primo ad impiegarla nel suo Trattato delle Flussioni, pubblicato nel 1742; ed è ora universalmente adottata.

Sulla base dei principi che abbiamo esposto, si possono dunque determinare le leggi del moto di un corpo libero, sollecitato da forze qualsivoglia, a condizione che si possa considerare come puntiforme.

Questi principi si possono applicare alla ricerca del moto di più corpi che esercitano gli uni sugli altri una mutua attrazione, secondo una legge qualsiasi che sia funzione nota delle distanze; infine non è difficile estenderli ai moti nei mezzi resistenti, così come a quelli che hanno luogo su date superfici curve; dato che la resistenza del mezzo non è altro che una forza agente in direzione opposta a quella del mobile; e allorché un corpo è spinto a muoversi su una data superficie, vi è necessariamente una forza normale alla superficie che lo trattiene, e il cui valore incognito può essere determinato sulla base delle condizioni imposte dalla natura della superficie stessa.

Ma se si cerca il movimento di più corpi che agiscono gli uni sugli altri per impulso o per pressione, sia immediatamente come nell'ordinario urto, o per mezzo di fili o di puntoni rigidi, ai quali sono connessi, o in generale di qualsiasi altro mezzo, allora il problema è di ordine più elevato e i principi precedenti sono insufficienti per risolverlo. Perché in questo caso le forze agenti sui corpi sono incognite ed è necessario dedurle dall'azione che i corpi devono esercitare fra loro, secondo la mutua disposizione. È dunque necessario fare ricorso ad un nuovo principio che serve a determinare la forza dei corpi in moto, avuto riguardo alle loro masse e alle loro velocità.

Il principio consiste nel fatto che per imprimere ad una data massa una certa velocità secondo una direzione qualsiasi, sia che questa massa sia in quiete o in moto, occorre una forza il cui valore sia proporzionale al prodotto della massa per la velocità e la cui direzione sia la stessa di quella della velocità. Il prodotto della massa di un corpo per la velocità si chiama comunemente *quantità di moto del corpo*, perché in effetti è la somma dei moti di tutte le parti materiali del corpo stesso. Pertanto le forze si misurano mediante le quantità di moto che sono capaci di produrre e, reciprocamente, la quantità di moto di un corpo è la misura della forza che il corpo è capace do esercitare contro un ostacolo, che si chiama *urto*.

Da cui segue che se due corpi non elastici, dotati di uguale quantità di moto, si urtano direttamente in senso opposto, le loro forze devono controbilanciarsi e distruggersi reciprocamente, e di conseguenza i corpi devono arrestarsi e restare a riposo. Ma se l'urto si facesse per mezzo di una leva, per la distruzione del movimento dei corpi bisognerebbe che le loro forze seguissero la comune legge dell'equilibrio della leva.

Pare sia stato Descartes ad enunciare per primo il principio di cui parliamo, ma si è ingannato nella sua applicazione all'urto dei corpi, avendo creduto che la stessa quantità di moto assoluto debba sempre conservarsi.

Wallis è propriamente stato il primo che abbia avuto un'idea chiara di questo principio e che se ne sia servito con successo per scoprire le leggi della trasmissione del moto nell'urto dei corpi duri o elastici, comem si vede nelle *Transactions Philosophiques* del 1669 e nella terza parte del suo trattato *De Motu*, pubblicato nel 1671.

Così come il prodotto della massa per la velocità esprime la forza finita di un corpo in movimento, così il prodotto della massa per la forza acceleratrice che abbiamo visto essere rappresentata dall'elemento di velocità diviso per l'elemento di tempo, esprimerà la forza elementare o nascente; e questa grandezza, se la si considera come misura dello sforzo che il corpo può fare in virtù della velocità elementare che ha preso, o che tende a prendere, costituisce ciò che si chiama *pressione*; ma se la si considera come misura della forza o potenza necessaria per imprimere quella stessa ve4locità, allora è ciò che si chiama *forza motrice*.

Così le pressioni, o le forze motrici, si distrarranno o si faranno equilibrio se sono uguali e direttamente opposte, o se, essendo applicate a una macchina qualsiasi, seguono le leggi dell'equilibrio proprie di quella macchina.

Quando alcuni corpi sono uniti insieme, in modo che non possono obbedire liberamente agli impulsi ricevuti, e alle forze acceleratrici a cui sono soggetti, questi corpi esercitano necessariamente gli uni sugli altri delle pressioni continue che alterano i loro movimenti e ne rendono difficile la determinazione.

Il primo problema e il più semplice di questo genere di cui i Geometri si sono occupati, è quello del centro di oscillazione. Un problema che è stato famoso, nel secolo scorso e all'inizio del presente, per gli sforzi e i tentativi che i più grandi

Geometri hanno fatto per venirne a capo; e poiché è principalmente a questi tentativi che dobbiamo gli immensi progressi che la Dinamica ha fatto in seguito, credo di doverne dare una storia succinta, per mostrare attraverso quali gradi questa scienza si sia elevata alla perfezione alla quale sembra pervenuta negli ultimi tempi.

Le prime tracce di ricerca sui centri di oscillazione si trovano nelle lettere di Descartes. Vi si trova che Padre Mersenne gli aveva proposto di determinare la grandezza che deve avere un corpo di figura qualunque, in modo tale che, sospeso per un punto, compia oscillazioni nello stesso tempo di un filo di data lunghezza, gravato con un solo peso alla sua estremità. Descartes osserva che questa questione ha qualche relazione con quella del centro di gravità, e che analogamente al fatto che in un corpo pesante in caduta libera vi è un centro di gravità intorno al quale gli sforzi del peso di tutte le parti del corpo si fanno equilibrio, cosicché tale centro cade nello stesso modo che il resto del corpo fosse annichilito, o fosse concentrato nel centro stesso; così nei corpi pesanti girevoli intorno a un asse fisso, ci deve essere un centro, chiamato *centro d'agitazione*, intorno al quale le forze d'agitazione di tutte le parti del corpo si controbilanciano in maniera che, essendo questo centro libero dall'azione di queste forze, possa essere mosso come se le altre parti del corpo fossero annichilite, o concentrate in tale centro; e per conseguenza tutti i corpi nei quali questo centro è ad eguale distanza dall'asse di rotazione, compiranno le loro oscillazioni nello stesso tempo.

Dalla nozione di centro di agitazione, Descartes ricava un metodo generale per determinarlo nei corpi di figura qualunque; un metodo che consiste nel determinare il centro di gravità delle forze di agitazione di tutte le parti del corpo, nel quantificare queste forze come prodotto delle masse per le velocità che sono qui proporzionali alle distanze dall'asse di rotazione, e supponendo che le parti del corpo siano proiettate sul piano passante per il suo centro di gravità e per l'asse di rotazione, cosicché siano sempre alla stessa distanza da tale asse.

Ma questa ipotesi non è legittima in questo caso, perché l'effetto delle forze non dipende solamente dalla quantità di moto, ma anche dalla sua direzione; cosicché la regola di Descartes non va bene se non quando tutte parti del corpo siano realmente o possano essere considerate come poste su uno stesso piano passante per l'asse di rotazione; in tutti gli altri casi bisogna considerare solo i movimenti perpendicolari al piano passante per l'asse di rotazione e per il centro di gravità del corpo, e si deve rapportare ogni particella al punto in cui tale piano viene intersecato dalla direzione del moto della particella, direzione che è sempre perpendicolare al piano determinato da tale particella e dall'asse di rotazione.

Questo difetto della regola di Descartes fu colto da Roberval, e divenne oggetto di una diatriba fra questi due Geometri, nella quale la vittoria sembrò andare interamente a quest'ultimo. Roberval fornisce delle determinazioni esatte dei centri di agitazione dei settori e degli archi di cerchio mossi in direzione normale al loro piano e rende manifesta l'insufficienza della regola del suo avversario in questo caso; ma abituato a nascondere i suoi metodi, si contenta di indicare i risultati particolari ed è impossibile sapere se fosse in possesso di un metodo generale.

Del resto, Roberval osserva con ragione, che il centro di cui parliamo altro non è che il centro di percussione, rispetto al quale gli urti o i momenti degli urti sono uguali, e che per trovare il vero centro di oscillazione di un pendolo pesante, bisogna anche tenere in considerazione l'azione della gravità, in virtù della quale il pendolo oscilla. Ma, poiché questa ricerca era superiore alla Meccanica di quel tempo, i Geometri continuarono tacitamente a supporre che il centro di percussione fosse lo stesso del centro di oscillazione, e Huygens fu il primo che prese in considerazione quest'ultimo centro sotto il punto di vista corretto; cosicché pensò di dover considerare il problema come interamente nuovo e, non potendolo risolvere mediante l'applicazione delle leggi del moto già note, inventò un principio nuovo, ma indiretto, che è diventato celebre in seguito sotto il nome di *Conservazione delle forze vive*.

Un filo considerato come una linea inestensibile, priva di peso e senza massa, un'estremità della quale è attaccata ad un punto fisso e l'altra ad un piccolo peso che si può considerare come puntiforme, costituisce ciò che si chiama un pendolo semplice, e la legge delle oscillazioni di questo pendolo dipende unicamente dalla sua lunghezza, vale a dire, dalla distanza fra il peso e il punto di sospensione. Ma se al filo si attaccano ancora uno o più pesi a diverse distanze dal punto di sospensione, si avrà allora un pendolo composto, il moto del quale dovrà essere una sorta di media tra quello dei diversi pendoli semplici che si avrebbero se ciascun dei pesi fosse sospeso da solo al filo.

Poiché da un lato la forza di gravità tende a far scendere tutti i pesi egualmente nello stesso tempo, e dall'altro l'inestensibilità del filo, li costringono a descrivere in quello stesso tempo archi differenti e proporzionali alla loro distanza dal punto di sospensione, si deve produrre fra questi pesi una sorta di compensazione e dei ripartizione dei loro moti, cosicché i pesi che sono più vicini al punto di sospensione, accelereranno le oscillazioni di quelli più lontani e, al contrario, questi rallenteranno le oscillazioni dei primi. Pertanto, ci sarà nel filo un punto nel quale, ponendo un corpo, il suo moto non sarà né accelerato, né ritardato dagli altri pesi, ma oscillerà come se fosse il solo corpo sospeso al filo. Questo punto sarà dunque il vero centro di oscillazione del pendolo composto, e un tal centro si deve trovare così in tutti i corpi solidi di qualunque forma, che oscilli intorno ad un asse orizzontale.

Huygens vide che non era possibile determinare questo centro in maniera rigorosa, senza conoscere la legge secondo la quale i diversi pesi costituenti il pendolo composto alterano mutuamente i movimenti che la gravità imprime loro in ogni istante; ma in luogo di cercare di dedurre questa legge dai Principi fondamentali della Meccanica, si accontentò di supplire a questa mancanza con un Principio indiretto, che consiste nell'ipotizzare che se più pesi attaccati, come si vedrà, a in pendolo che scende sotto la sola azione della gravità, e che in un istante qualunque siano staccati e separati gli uni dagli altri, ognuno di loro, in virtù della velocità acquisita durante la caduta, risalirà ad un'altezza tale che il comune centro di gravità si ritroverà alla stessa altezza da cui è disceso. Per la verità, Huygens non stabilì immediatamente questo principio, ma lo ricavò da due ipotesi che credeva di dover ammettere come richieste dalla Meccanica; la prima è che il centro di gravità di un sistema di corpi pesanti non possa mai risalire ad un'altezza più grande di quella da cui è caduto, qualunque sia il cambiamento che si faccia alla mutua disposizione dei corpi, perché altrimenti diverrebbe possibile il moto perpetuo; la seconda che un pendolo composto possa sempre risalire da se stesso alla stessa altezza da cui è disceso liberamente. Del resto, Huygens osserva che lo stesso principio vale nel moto dei gravi legati insieme in maniera qualunque, come anche nel moto dei fluidi.

Non sapremmo dire qui che cosa abbia dato a questo Autore l'idea di un tale Principio; ma si può avanzare la congettura che vi sia stato condotto dal teorema che Galileo aveva dimostrato circa la caduta dei gravi, i quali, che cadano lungo la verticale, oppure lungo piani inclinati, acquistano sempre velocità tali da farli risalire alle altezze da cui sono caduti. Tale teorema, generalizzato e applicato al centro di gravità di un sistema di corpi pesanti, fornisce il Principio di Huygens.

Comunque sia, è evidente che questo Principio fornisce un'equazione che lega l'altezza verticale percorsa in discesa dal centro di gravità in un tempo qualunque, elle diverse altezze verticali alle quali i corpi che compongono il sistema potrebbero risalire con le velocità acquisite e che, per i teoremi di Galileo, sono proporzionali ai quadrati di tali velocità. Ora, in un pendolo che oscilla intorno ad un asse orizzontale, le velocità dei diversi punti sono proporzionali alle loro distanze dall'asse; così è possibile ridurre l'equazione a due sole incognite, delle quali l'una sarà la discesa del centro di gravità del pendolo in un intervallo qualunque di tempo, e l'altra sarà l'altezza alla quale un dato punto di questo pendolo potrebbe risalire a causa della velocità acquisita. Ma la discesa del centro di gravità determina quella di tutti gli altri punti del pendolo; dunque si otterrà un'equazione fra l'altezza percorsa in discesa da un punto qualsiasi del pendolo, e quella alla quale potrebbe risalire grazie alla velocità, acquisita in tale caduta. Nel centro di oscillazione, queste due altezze devono essere uguali, poiché i corpi liberi possono sempre risalire alla stessa altezza da cui sono caduti; e l'equazione fa vedere che questa uguaglianza non può aver luogo che in un punto della retta normale all'asse di rotazione, passante per il centro di gravità del pendolo, il quale si è spostato da tale asse della quantità che si ottiene moltiplicando tutti i pesi che compongono il pendolo, per i quadrati delle loro distanze dall'asse, e dividendo la somma di questi prodotti per la massa del pendolo moltiplicata per la distanza del suo centro di gravità da tale asse. Questa grandezza esprimerà dunque la lunghezza di un pendolo semplice, il moto del quale sarà uguale a quello del pendolo composto.

Questa teoria di Huygens è esposta nel suo Trattato *de Horologio oscillatorio*, pubblicato nel 1637 dove è arricchita da un gran numero di sapienti applicazioni. Non avrebbe lasciato nulla a desiderare, se non fosse appoggiata ad un Principio precario; e se non fosse restato sempre da dimostrare questo principio per metterla al riparo da ogni offesa. Nel 1681 comparvero sul *Journal des Savans* di Parigi, alcune obiezioni cattive contro questa teoria, alle quali Huygens rispose solo in maniera vaga e poco convincente. Ma avendo questa contestazione attirato l'attenzione di Jacques Bernoulli, gli diede l'occasione di esaminare a fondo la teoria dei Huygens e di cercare di ricondurla ai principi primi della meccanica. Anzitutto prende in considerazione solo due pesi uguali attaccati ad un filo inestensibile e diritto, e osserva che la velocità che il primo peso, quello più vicino al punto di sospensione, acquista descrivendo un arco qualsiasi, dev'essere inferiore di quella che avrebbe acquistato percorrendo liberamente lo stesso arco; e che allo stesso tempo, la velocità acquisita dall'altro peso dev'essere maggiore di quella che avrebbe acquistato percorrendo lo stesso arco liberamente. La velocità perduta dal primo peso si è comunicata dunque al secondo, e poiché questa comunicazione si fa per mezzo di una leva mobile intorno a un punto fisso, l'Autore suppone che debba seguire la legge dell'equilibrio delle potenze applicate alla leva; cosicché la perdita di velocità del primo peso sia a vantaggio della velocità del secondo, in ragione reciproca dei bracci della leva, o come dire delle distanze dal punto di sospensione. Da ciò, e dal fatto che le velocità reali dei due pesi devono essere in ragione diretta di queste distanze, si determinano facilmente tali velocità e, di conseguenza, il moto del pendolo.

Tale è il primo passo che si è fatto verso la soluzione diretta di questo famoso problema. L'idea di ricondurre alla leva le forse risultanti dalle velocità acquisite o perdute dai pesi, è molto acuta e fornisce la chiave per la giusta teoria; ma Jacques Bernoulli si è sbagliato, considerando le velocità acquisite durante un tempo qualunque finito, mentre avrebbe dovuto considerare solo le velocità elementari acquisite in un istante e confrontarle con quelle che la velocità imprime nello stesso istante. È ciò che ha fatto il Marchese de l'Hopital, in una memoria inserita nel *Journal de Rotterdam* del 1690. Egli ipotizza due pesi qualunque attaccati al filo inestendibile che costituiscono il pendolo composto, e impone l'equilibrio fra le quantità di moto perduta a acquisita da questi pesi in un istante qualunque, vale a dire, tra le differenze della quantità di moto che i pesi acquisiscono realmente in quegli istanti e quelle che avrebbe loro impresso la gravità. In questo modo determina il rapporto fra l'accelerazione istantanea di ciascun peso e quella che la sola gravità gli conferisce, e determina il centro di oscillazione come il punto del pendolo nel quale queste due accelerazioni sono uguali. Estende poi la sua teoria ad un numero maggiore di pesi, ma a questo scopo considera i primi come se fossero riuniti successivamente nel loro centro di oscillazione, cosa che non è più tanto diretta, né si può ammettere senza dimostrazione.

Questa analisi del Marchese de l'Hopital fece ritornare Jacques Bernoulli sulla sua, e diede infine luogo alla prima soluzione diretta e rigorosa del problema dei centri di oscillazione, soluzione che merita molta attenzione da parte dei Geometri in quanto contiene il germe di quel Principio della Dinamica che è diventato il secondo nelle mani di d'Alembert.

L'Autore prende in considerazione i moti che la gravità imprime in ogni istante ai corpi che costituiscono il pendolo e poiché questi corpi, a causa dei loro legami, non li possono interamente seguire, concepisce movimenti impressi come composti da quelli che i corpi possono compiere e da altri movimenti che devono essere distrutti, in virtù dei quali il pendolo deve rimanere in equilibrio. Il problema viene così ricondotto ai Principi della Statica e non richiede altro che il soccorso dell'analisi. Jacques Bernoulli ha trovato in questo modo delle formule generali per i centri di oscillazione dei corpi di forma qualsiasi ed ha dimostrato l'accordo con il principio di Huygens, e l'identità fra i centri di oscillazione e di percussione. Questa soluzione era stata abbozzata fin dal 1691 negli atti di Lipzia, ma fu presentata in forma completa solo nel 1703, nelle Memorie dell'Accademia delle Scienze di Parigi.

Per non lasciare nulla a desiderare su questa storia del problema del centro di oscillazione, dovrei rendere conto anche della soluzione che Jean Bernoulli ne ha dato in seguito nelle stesse Memorie, e che essendo stata trovata e pubblicata pressappoco nello stesso tempo da Taylor nell'opera che has come titolo: *Methodus incrementorum*, è stata occasione di una vivace disputa fra i due Geometri; ma per quanto ingegnosa sia l'idea sulla quale è fondata questa nuova soluzione, e che consiste nel ridurre tutto d'un colpo il pendolo composto in un pendolo semplice, sostituendo ai diversi pesi, altri riuniti in un solo punto, con le masse e i pesi tali che le loro accelerazioni angolari e i loro momenti rispetto all'asse di rotazione siano gli stessi, ciononostante bisogna ammettere che questa idea non è non così naturale, né luminosa quanto quella dell'equilibrio fra i moti distrutti alla quale Jacques Bernoulli aveva avuto l'acutezza di ridurre questa ricerca.

Si trova ancora nella *Phoronomia* di Herman, pubblicata nel 1716, una nuova maniera di risolvere lo stesso problema, fondata sul principio che le forze motrici, dalle quali i pesi che formano il pendolo sono realmente animati, per essere mossi congiuntamente, devono essere equivalenti a quelle che provengono dall'azione della gravità; cosicché se si suppone che le prime agiscano in senso contrario, devono fare equilibrio a queste ultime.

Tale principio, presentato, in questo modo, non è tuttavia così luminoso da poter essere preso come un assioma della Meccanica; ma non è difficile dimostrarlo per mezzo di quello di Jacques Bernoulli, del quale è effettivamente una conseguenza necessaria.

Euler gli ha conferito in seguito una più grande generalità, e l'ha applicato alla soluzione di diversi problemi sulle oscillazioni dei corpi flessibili o rigidi, in una Memoria pubblicata nel 1740, nel tomo VII dei vecchi Commentari di Pietroburgo.

Sarebbe troppo lungo parlare di altri problemi di Dinamica che hanno sollecitatola sagacia dei Geometri dopo quello del centro di oscillazione, e prima che l'arte di risolverli fosse ridotta a regole fisse. I problemi che Bernoulli, Clairaut, Euler si proponevano tra loro si trovano sparsi nei primi volumi delle Memorie di Pietroburgo e di Berlino, nelle Memorie di Parigi (anni 1736 e 1742), nelle Opere di Jean Bernoulli, e negli Opuscoli di Euler. Consistono nella determinazione dei moti di più corpi pesanti o no che si spingono o si attraggono mediante fili o leve rigide ai quali sono fissati, oppure lungo i quali possono scorrere liberamente e che, avendo ricevuto degli impulsi qualsiasi, sono poi abbandonati a sen stessi, oppure costretti a muoversi su curve o superfici assegnate.

Nella soluzione edi questi problemi veniva quasi sempre impiegato il principio di Huygens; ma poiché questo non dà che una sola equazione, si cercavano le altre prendendo in considerazione delle forze incognite con le quali si pensava che i corpi dovessero spingersi o tirarsi, e che si consideravano come forze elastiche agenti egualmente in sensi opposti; l'impiego di queste forze dispensava dalla necessità di tener conto del legame fra i corpi, e consentiva di fare uso delle leggi del moto dei corpi liberi; inoltre le condizioni che per la natura del problema devono verificarsi per i movimenti dei diversi corpi, servivano a determinare le forze incognite che erano state introdotte nel calcolo. Ma c'era bisogno sempre di un particolare indirizzo per districare in ciascun problema tutte le forze delle quali era necessario tenere conto; cosa che rendeva i problemi piccanti e tali da suscitare l'emulazione.

Il trattato di Dinamica di d'Alembert che uscì nel 1743, pose fine a questa specie di confusione, presentando un metodo diretto e generale per risolvere, o almeno per tradurre in equazioni tutti i problemi di Dinamica che si possono immaginare. Un metodo che riduce tutte le leggi del moto dei corpi a quelle del loro equilibrio, e riconduce così la Dinamica alla Statica. Abbiamo già osservato che il principio utilizzato da Jacques Bernoulli nella determinazione del centro di oscillazione aveva il vantaggio di far dipendere questa ricerca dalle condizioni di equilibrio della leva; ma era riservato a d'Alembert di concepire questo principio in maniera generale e di conferirgli tutta la semplicità e la fecondità di cui era suscettibile.

Se più corpi tendono a muoversi con certe velocità e in date direzioni che sono forzati a cambiare a causa della mutua azione, è possibile guardare a questi moti come composti da due che i corpi prendolo realmente e da altri movimenti che sono distrutti; dal che segue che questi ultimi devono essere tali che i corpi animati solo da questi movimenti si facciano equilibrio.

Questo è il principio che d'Alembert ha enunciato, del quale ha fatto tante felici ed utili applicazioni. Un principio che non fornisce immediatamente le equazioni necessarie per la soluzione dei diversi problemi di Dinamica, ma insegna a dedurle dalle condizioni di equilibrio. Pertanto, combinando tale Principio con gli ordinari Principi dell'equilibrio della leva, o di composizione delle forze, è sempre possibile trovare le equazioni di ciascun problema mediante l'aiuto di qualche costruzione più o meno complicata. In questa maniera è stato fino ad ora utilizzato il Principio di cui stiamo parlando; ma la difficoltà di determinare le forze che devono essere eliminate, così come le leggi dell'equilibrio fra queste forze, rende sovente l'applicazione imbarazzante e penosa; e le soluzioni che ne risultano sono quasi sempre più lunghe che se venissero dedotte da Principi meno semplici e meno diretti.

Nella prima parte di questo trattato, il principio delle velocità virtuali ci ha condotto ad un metodo analitico molto semplice, per risolvere tutte le questioni di Statica. Lo stesso principio, combinato con quello che ci accingiamo ad esporre, fornirà un metodo analogo per i problemi di Dinamica, e avrà gli stessi vantaggi.

Per farsi subito un'idea di questo metodo, si ricorderà che il Principio generale delle velocità virtuali consiste nel fatto che, allorché un sistema di corpi puntiformi e animato da forze qualunque, è in equilibrio, se si provoca in questo sistema un piccolo movimento qualunque in virtù del quale ogni corpo percorre uno spazio infinitamente piccolo, la somma delle forze ovvero potenze, moltiplicate ciascuna per lo spazio che il punto nel quale è applicata percorre seguendo la direzione di tale potenza, è sempre uguale a zero.

Se ora si suppone il sistema in movimento, e si considera il movimento di ciascun corpo in un istante come composto da due, dei quali uno sia quello che il corpo avrà nell'istante seguente, bisognerà che l'altro sia distrutto a causa dell'azione reciproca dei corpi e per quella delle forze motrici alle quali sono soggetti. Così ci dovrà essere equilibrio fra queste forze e le pressioni o le resistenze che risultano dai movimenti che si possono considerare come perduti fra un istante e l'altro. Dal che segue che per estendere ai movimenti del sistema la formula del suo equilibrio, basterà aggiungervi i termini dovuti a queste ultime forze.

Ora se si considera, come abbiamo fatto prima, le velocità che ciascun corpo ha secvondo le tre direzioni fisse e tra loro perpendicolari, i decrementi di queste velocità rappresenteranno i movimenti perduti secondo tali direzioni, e i loro incrementi saranno di conseguenza i movimenti perduti nelle direzioni opposte. Pertanto le pressioni risultanti da questi movimenti perduti saranno espresse in generale dalla massa moltiplicata per l'elemento di velocità, divisa per l'elemento di tempo, e avranno la direzione direttamente contraria a quella della velocità, In questa maniera si potranno esprimere analiticamente le terne di cui parliamo e si avrà una formula generale per i movimenti dei corpi, che fornirà la soluzione di tutti i problemi di Dinamica, il semplice sviluppo della quale fornirà le equazioni necessarie alla soluzione di ciascun problema, come vedremo nel seguito di questo Trattato.

Ma uno dei maggiori vantaggi di questa formula è quello di produrre immediatamente le equazioni generali che esprimono i principi, ovvero teoremi noti sotto il nome di conservazione delle forze vive, di conservazione della quantità di moto del centro di gravità, di conservazione del momento del moto di rotazione, ovvero principio delle aree, e del principio di minima azione. Questi principi dovranno essere considerati piuttosto come risultati generali delle leggi della Dinamica, piuttosto che come principi primitivi di questa scienza, ma essendo spesso impiegati come tali nella soluzione dei problemi, crediamo anche di doverne dire una parola, indicando in che cosa consistono, e a quali Autori si devono, per non lasciare nulla a desiderare in questa esposizione preliminare dei Principi della Dinamica.

Il primo dei quattro principi di cui parliamo, quello della conservazione delle forze vive, è stato trovato da Huygens; ma sotto una forma leggermente diversa da quella che gli si dà attualmente, e ne abbiamo già parlato a proposito del problema dei centri di oscillazione. Il principio, come è stato impiegato nella soluzione di tale problema, consiste nell'uguaglianza tra la discesa e la risalita del centro di gravità di più corpi pesanti che scendono congiuntamente e che poi risalgono separatamente, ciascuno essendo stato respinto in alto con la velocità acquisita. Ora, per le note proprietà del centro di gravità, il cammino percorso in una direzione qualunque è espresso dalla somma dei prodotti della massa di ciascun corpo per il cammino percorso nella stessa direzione, divisa per la somma delle masse. D'altra parte, per i teoremi di Galileo, il cammino verticale percorso da un grave è proporzionale al quadrato della velocità acquisita cadendo liberamente e con la quale potrebbe risalire alla medesima altezza. Pertanto il Principio di Huygens si riduce a questo: che nel moto dei gravi, la somma dei prodotti delle masse per i quadrati delle velocità in ogni istante è la stessa, sia che i corpi si muovano congiuntamente in una maniera qualunque, o che percorrano liberamente le stesse altezze verticali. È anche questo che Huygens stesso ha indicato con poche parole in un breve scritto relativo ai metodi di Jacques Bernoulli e del Marchese de l'Hopital, a proposito dei centri di oscillazione.

Fino ad allora, tale principio era stato considerato solo come un semplice teorema di Meccanica; ma da quando Jean Bernoulli ha adotto la distinzione stabilita da Leibniz fra forze morte o pressioni che agiscono senza moti reali e forze vive accompagnate da movimenti, come anche la misura di queste ultime come prodotto delle masse per i quadrati delle velocità, si guardò a tale principio come a una conseguenza della teoria delle forze vive e una legge universale della natura secondo la quale la somma delle forze vive di un insieme di corpi si conserva invariata fino a che questi corpi agiscono reciprocamente mediante semplici pressioni ed è costantemente uguale alla semplice forza viva che risulta dall'azione delle forze realmente agenti. Fu lui a dare a questo principio il nome di conservazione delle forze vive e ad utilizzarlo per risolvere qualche problema ancora insoluto e di cui appariva difficile venire a capo mediante i metodi diretti. Il suo illustre figlio, Daniel Bernoulli, ha ricavato infine da questo principio le leggi del moto dei fluidi nei condotti, materia che prima di lui era stata trattata solo in maniera vaga e arbitraria. Infine, ha reso tale principio molto generale nelle Memorie di Berlino per l'anno 1748 mostrando come si possa applicarlo al movimento dei corpi soggetti a mutue attrazioni qualunque, o attratti verso dei centri fissi da forze proporzionali a funzioni qualunque delle distanze.

Il grande vantaggio di questo Principio è di fornire immediatamente un'equazione finita fra le velocità dei corpi e le variabili che determinano le loro posizioni nello spazio; cosicché allorquando per la natura del problema, tutte queste variabili si riducono ad una sola, l'equazione è sufficiente per risolverlo completamente, ed è il caso di quello del centro di oscillazione. In generale la conservazione delle forze vive produce sempre un integrale primo delle diverse equazioni differenziali di ciascun problema; cosa che è di grande utilità in molte occasioni.

Il secondo principio è dovuto a Newton che, all'inizio dei suoi Principi Matematici, dimostra che lo stato di quiete o di movimento del centro di gravità di un insieme di corpi non viene alterato dall'azione reciproca di questi corpi, qualunque sia; cosicché il centro di gravità dei corpi che agiscono gli uni sugli altri in maniera qualunque, purché non ci sia alcuna azione né alcun ostacolo esterno, rimane sempre in quiete, o si muove di moto rettilineo uniforme. D'Alembert, nel suo trattato di Dinamica, gli ha dato poi una maggiore estensione, facendo vedere che se ciascun corpo è soggetto ad una forza acceleratrice costante, che agisce in direzione costante, o diretta verso un punto fisso, con intensità dipendente dalla distanza, il centro di gravità deve descrivere la stessa curva che [descriverebbe] se i corpi fossero liberi; a ciò si può aggiungere che il moto di tale centro è in generale lo stesso che si avrebbe se tutte le forze dei corpi, qualunque siano, fossero applicate ciascuna secondo la propria direzione.

È evidente che questo principio serve a determinare il moto del centro di gravità, indipendentemente dai moti relativi dei corpi, e pertanto può fornire tre equazioni finite fra le coordinate dei corpi e il tempo, le quali saranno degli integrali delle equazioni differenziali del problema.

Il terzo principio è molto meno antico dei due precedenti e sembra sia stato scoperto nello stesso tempo da Eulero, Daniel Bernoulli e dal Cavalier d'Arcy, seppure sotto forme diverse.

Secondo i primi due, il principio consiste nel fatto che nel moto di più corpi intorno a un centro fisso, la somma dei prodotti della massa di ciascun corpo per la velocità di rotazione intorno al centro è sempre indipendente dall'azione mutua che i corpi possono esercitare gli uni sugli altri, e si conserva fino a che non vi sia alcuna azione e nessun ostacolo esterno. Daniel Bernoulli ha enunciato questo principio nel primo volume delle Memorie dell'Accademia di Berlino pubblicata nel 1746, ed Eulero l'ha enunciato lo stesso anno, nel primo tomo dei suoi Opuscoli, ed è stato lo stesso problema che li ha guidati, cioè la ricerca del moto di più corpi mobili all'interno di un tubo di forma assegnata e che può solo ruotare intorno a un punto o a un centro fisso.

Il principio di d'Arcy, come l'ha esposto all'Accademia delle Scienze di Parigi, in una memoria che porta la data del 1746, ma che è stata pubblicata solo nel 1752 nella raccolta relativa all'anno 1747, è che la somma dei prodotti delle masse di ciascun corpo per l'area che il raggio vettore descrive intorno a un centro fisso, è sempre proporzionale al tempo. Si vede che questo enunciato è una generalizzazione del bel teorema di Newton sulle aree descritte sotto l'azione di forze centripete qualsiasi; e per cogliere l'analogia o piuttosto l'identità con quelli di Eulero e Daniel Bernoulli, basta considerare che la velocità di rotazione è espressa dall'elemento dell'arco circolare diviso per l'elemento di tempo e che il primo di questi elementi moltiplicato per la distanza dal centro, dà l'elemento di area descritta intorno al detto centro, dal che si vede che quest'ultimo principio non è altro che l'espressione differenziale di quello di d'Arcy.

Questo Autore in seguito ha esposto il suo principio sotto una forma diversa che l'avvicina ulteriormente al precedente e che consiste nel fatto che la somma dei prodotti delle masse per le velocità e per le perpendicolari condotte dal centro sulle direzioni dei corpi, è una grandezza costante.

Sotto questo punto di vista ne ha fatto una sorta di principio metafisico, che chiama conservazione dell'azione, in opposizione, o piuttosto in sostituzione a quello della minima quantità d'azione; come se delle denominazioni vaghe e arbitrarie costituissero l'essenza delle leggi della natura e potessero per qualche segreta virtù elevare a cause finali quelli che sono semplici risultati delle leggi conosciute della Meccanica.

Comunque sia, il principio di cui parliamo vale in generale per tutti i sistemi di corpi che agiscono gli uni sugli altri in modo qualunque, sia mediante fili, corde inestensibili, per attrazione, ecc. e che sono inoltre soggetti a forze qualsiasi dirette verso un centro fisso, sia che il sistema sia interamente libero, oppure soggetto a muoversi intorno a questo stesso centro. La somma dei prodotti delle masse per le aree descritte intorno al centro e proiettate su un piano qualsiasi, è sempre proporzionale al tempo; cosicché riferendo queste aree a tre piani fra loro ortogonali, si ottengono tre equazioni differenziali del primo ordine fra il tempo e le coordinate delle curve descritte dai corpi; ed è propriamente in queste equazioni che consiste la natura del principio di cui parliamo.

Vengo infine al quarto principio che chiamo della minima azione, per analogia con quello che il fu Sig. di Maupertuis aveva enunciato sotto questi nome e che gli scritti di diversi Autori illustri hanno reso tanto famoso. Tale principio, considerato analiticamente, consiste nel fatto che nel movimento dei corpi che agiscono gli uni sugli altri, la somma dei prodotti delle masse per le velocità e per gli spazi percorsi, è un minimo. L'Autore ne ha dedotto sia le leggi della riflessione e della rifrazione della luce, che quelle dell'urto dei corpi, in due Memorie, l'una all'Accademia delle Scienze di Parigi nel 1744, e l'altra due anni dopo a quella di Berlino.

Ma è opportuno tenere in considerazione che queste applicazioni sono troppo particolari per servire a stabilire la verità di un principio generale; sono inoltre qualcosa di vago e di arbitrario, che non può che rendere incerte le conseguenze che se ne potrebbero trarre per l'esattezza stessa del principio. Così si sarebbe nel torto, mi pare, a mettere questo principio, così formulato, sullo stesso piano degli altri che abbiano esposto. Ma vi è un altro modo di formularlo, più generale e più rigoroso, e che solo merita l'attenzione dei Geometri. Ne ha dato una prima idea Eulero alla fine del suo Trattato degli Isoperimetri, pubblicato a Losanna nel 1744, nel quale dimostra che nelle traiettorie descritte nel caso di forze centrali, l'integrale della velocità moltiplicata per l'elemento della curva è sempre un massimo oppure un minimo.

Questa proprietà che Eulero non aveva riconosciuto che nei movimenti dei corpi isolati, io l'ho estesa ai movimenti dei corpi che agiscono gli uni sugli altri in maniera qualsivoglia e ne è risultato questo nuovo principio generale, che la somma dei prodotti delle masse per gli integrali delle velocità moltiplicate per gli elementi di spazio percorso, è sempre un massimo oppure un minimo.

Tale è il principio al quale attribuisco qui, quantunque impropriamente, il nome di minima azione, a cui guardo non come a un principio metafisico, ma come a un risultato semplice e generale delle leggi della Meccanica. Nel tomo II delle Memorie di Torino è possibile vedere l'uso che ne ho fatto per risolvere diversi difficili problemi di Dinamica. Tale principio, combinato con quello della conservazione delle forze vive e sviluppato seguendo le regolo del calcolo della variazioni, fornisce direttamente tutte le equazioni necessarie per la soluzione di qualsiasi problema; e da esso deriva un metodo ugualmente semplice e generale di trattare le questioni che concernono il movimento dei corpi; ma anche questo metodo non è altro che un corollario di quello che costituisce l'oggetto della Seconda Parte di quest'opera e che, nello stesso tempo, presenta il vantaggio di essere ricavato dai principi fondamentali della Meccanica.

APPENDICE 3.

DIZIONARIO DEGLI AUTORI CITATI

D'ALEMBERT

Jean-Baptiste Le Rond d'Alembert (Parigi, 1717-1783), all'età di ventun anni presentò all'Accademia di Parigi una memoria sul calcolo integrale, letta da Clairaut, in cui venivano indicati diversi errori contenuti in un testo di analisi di Reyneau che godeva di grande prestigio. Raggiunse la fama nel 1746 quando vinse il premio dell'Accademia di Berlino con una dissertazione sull'origine dei venti.[1]

Chiamato all'Accademia di Francia nel 1754, ne divenne segretario perpetuo nel 1772. Una delle sue opere più importanti è il trattato di dinamica, pubblicato quando aveva appena 26 anni che impostava su basi completamente nuove quella che era la meccanica di Newton.[2]

È nel *Traité* che si trova enunciato il celebre «Principio» che porta il suo nome e riportati diversi esempi di sue applicazioni. Applicò i nuovi principi della dinamica e i nuovi strumenti di calcolo ai fluidi, tanto che si può considerare, insieme a Eulero e Daniel Bernoulli, uno dei fondatori della moderna idrodinamica.[3]

In questo campo fece ricorso alla teoria delle equazioni alle derivate parziali del primo e del secondo ordine alla quale lui stesso aveva contribuito. Particolarmente importante, per delineare la personalità scientifica di D'Alembert è la prefazione al suo *Traité*, dove mette in evidenza che mentre la meccanica dei solidi si basava su «principi metafisici e indipendenti dall'esperienza»,

---

[1] J-B. L. R. D'ALEMBERT, *Reflexions sur la cause generale des vents*, Paris, David, 1747.
[2] ID., *Traité de dynamique*, Paris, David, 1743.
[3] ID., *Traité de l'équilibre et du mouvement des fluides: pour servir de suite au Traité de dynamique*, Paris, David, 1744.

È necessario avvertire tuttavia che i diversi soggetti della Fisica non sono ugualmente suscettibili di applicazione della Geometria. Se le osservazioni che servono come base per il calcolo sono in piccolo numero, se sono semplici e luminose, il Geometra sa allora ricavarne i più grandi vantaggi e dedurne le conoscenze fisiche più adatte a soddisfare lo spirito. Osservazioni meno perfette servono spesso a guidarlo nella ricerca e a dare alle sue scoperte un nuovo grado di certezza: talvolta gli stessi ragionamenti matematici possono essere d'insegnamento e di chiarimento, qualora l'esperienza sia muta o parli solo in modo confuso. Infine, se le materie che si vogliono trattare non lasciano alcuna presa ai calcoli, si riduce allora ai semplici fatti presentati dall'osservazione: incapace di contentarsi dei falsi lucori quando gli manchi la luce, non può che ricorrere a ragionamenti vaghi e oscuri, in luogo di dimostrazioni rigorose.[4]

Tali sono le condizioni di chi si occupa di Meccanica dei fluidi rispetto a chi affronta quella dei fluidi:

Poiché la Meccanica dei Corpi solidi è fondata solo su Principi Metafisici e indipendenti dall'Esperienza, si possono determinare esattamente i Principi che devono servire da fondamento agli altri. La Teoria dei Fluidi, al contrario, deve necessariamente avere per base l'Esperienza, dalla quale riceviamo solamente luci molto tenui.[5]

Nel mentre si occupava alla teoria dei venti si dedicò anche alla dinamica delle corde vibranti trovando l'equazione, alle derivate parziali del 2° ordine, alla quale soddisfano le vibrazioni trasversali di una corda elastica, equazione che porta il suo nome, e ne diede l'integrale.[6]

Nel 1750 D'Alembert si affianca a Diderot nel progetto dell'*Encyclopedie*, la grande opera editoriale che fu strumento della grande rivoluzione culturale che va sotto il nome di «illuminismo». Al matematico (e filosofo) D'Alembert venne affidata la redazione del *Discours préliminaire* in cui venivano illustrati i fini dell'impresa e che venne pubblicato nel primo volume.[7]

---

[4] ID., *Traité de dynamique*, Paris, David, 1743, pp. IV-V.
[5] Ivi, pp. VI-VII.
[6] ID., *Recherches sur la courbe que forme une corde tendue mise en vibration*, in *Histoire de l'Académie royale des sciences et des belles lettres de Berlin*, tomo 1, 1747, pp. 214-249.
[7] ID., *Discours préliminaire*, cit.

Il «Discorso preliminare» è il vero manifesto dell'Illuminismo, dominato com'è dalla convinzione che l'uomo abbia la capacità di migliorare le proprie condizioni di vita, grazie allo sviluppo scientifico. È quindi ovvio che, nel panorama degli studi, le scienze acquistino una preminenza nei confronti della tradizione arcadica e degli studi di carattere religioso e che, nell'ambito delle scienze, la matematica rappresenti uno dei principali strumenti di indagine e di conoscenza, quando applicata negli ambiti che le sono propri. Alla fine del Discorso, D'Alembert pone un'analisi dettagliata delle conoscenze umane, con una tavola esplicativa intitolata «Sistema figurato delle conoscenze umane» che mostra l'intelletto umano distinto in tre componenti; la memoria, la ragione e l'immaginazione, essendo la memoria legata al passato, la ragione al presente, in quanto facoltà che tenta di dare vita a nuove teorie fondate sulla memoria e l'immaginazione. In questo schema, le matematiche, divise in Pure, Miste e Fisico-matematiche, sono inserite nel gruppo delle Scienze Naturali.

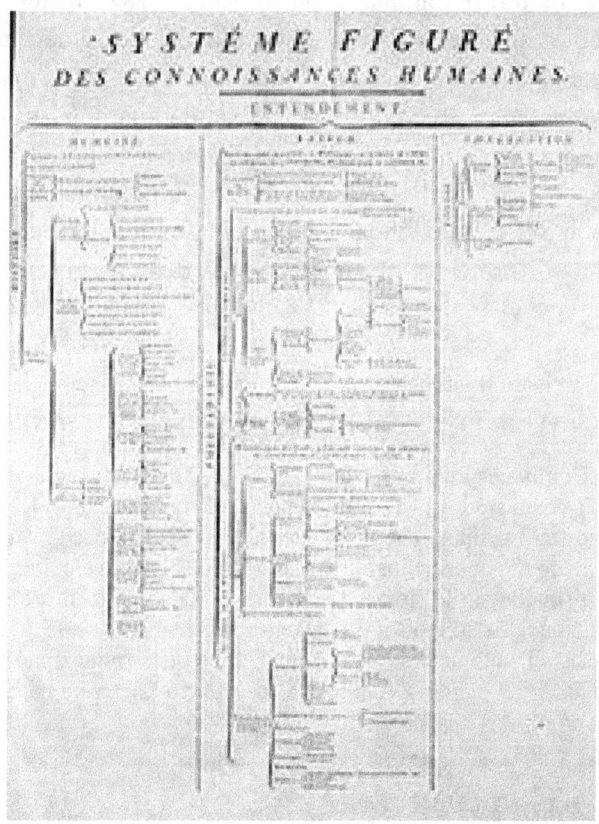

Fig. 1. Sistema figurato di D'Alembert. Dal *Discours préliminaire*, *Encyclopédie*, Vol. 1 (1751)

D'Alembert fu protagonista di un tempo che vide uno straordinario sviluppo della matematica, che aveva consentito risultati in meccanica neppure pensabili pochi decenni prima. Il calcolo differenziale aveva dato prove clamorose di efficacia e tuttavia conservava, alla fine del settecento, uno statuto teorico ancora incerto e, per taluni aspetti, contraddittorio. Una questione che D'Alembert stesso aveva indicato nelle voci che aveva curato per l'Encyclopédie, quando affermava che «la teoria dei limiti è alla base della vera metafisica del calcolo differenziale»[8], dove per metafisica intendeva «i principi fondamentali sui quali si forma una scienza».

DANIEL BERNOULLI

Daniel Bernoulli (Groninga, 1700 - Basilea, 1782), membro di una famiglia di matematici, è considerato il fondatore della meccanica dei fluidi. La sua opera più importante su questo argomento,[9] pubblicata nel 1738, a cui diede il nome di *Hydrodynamique,* è strutturata in maniera simile alla grande opera con la quale Lagrange, mezzo secolo dopo, fondò la meccanica analitica.[10]

L'opera di Bernoulli è fondamentale nella storia della meccanica dei fluidi in quanto basata sul principio di conservazione dell'energia o, come si usava al tempo, delle forze vive.

> E ora è arrivato il momento di rendere ragione dei principi ai quali ho fatto cenno. Il principale è la *conservazione delle forze vive*, ovvero, come mi piace dire, *uguaglianza fra la discesa attuale e la salita potenziale*: farò uso di quest'ultima espressione, perché ha lo stesso significato della precedente usata da alcuni studiosi che si limitano al solo nome *vis viva*. […]. Da quanto ha dimostrato Galileo, che un corpo, sia che scenda per la verticale, sia su un piano comunque inclinato, acquista la medesima velocità, a condizione che il dislivello sia lo stesso, […] lo stesso Huygens utilizzò questa stessa proposizione, ma su ipotesi più generali nell'elaborare le leggi del moto dei corpi elastici sottoposti ad urto, e anche nella determinazione del centro di oscillazione del pendolo composto; ed enunciò tale assioma con le parole:

---

[8] ID., *Différentiel*, in *Encyclopédie*, vol. IV, Paris, 1754.
[9] D. BERNOULLI, *Hydrodynamica, sive de viribus et motibus fluidorum commentarii opus academicum*, Strasburgo, Henr. Deckeri, 1738.
[10] J. L. LAGRANGE, *Mécanique Analytique*, Paris, Veuve Desaint, 1788.

> *Se un numero qualsiasi di corpi cominciano a muoversi in qualunque modo, sotto l'azione del loro peso, tornano di nuovo alla quiete, il centro di gravità deve ritornare alla primitiva altezza*, dove con la parole *in qualunque modo* si intende *sia se si urtano mentre cadono, sia se premono l'uno contro l'altro, o in qualunque altro modo agiscano i corpi reciprocamente*. Da questo assioma segue immediatamente il principio di conservazione delle *forze vive*, che lo stesso Huygens ha dimostrato, col quale si assume che: *se un numero qualsivoglia di corpi soggetti al loro peso, cominciano a muoversi in qualunque modo, le velocità dei singoli saranno ovunque tali che la somma dei prodotti dei quadrati delle velocità per la massa sia proporzionale all'altezza verticale, di cui si abbassato il centro di gravità, moltiplicata per la massa complessiva*. Mirabile quale sia l'utilità di questa ipotesi in Meccanica, alla quale qualcun altro, compreso mio padre, aveva prestato attenzione, ma io sono stato il primo ad applicarla al moto dei fluidi. [...] Sulla base delle parole di Huygens e di mio padre, ho voluto dare a questa ipotesi il nome di *uguaglianza fra la discesa attuale e l'ascesa potenziale*, che altri chiamano *conservazione delle forze vive*, in quanto tuttora ad alcuni, soprattutto in Inghilterra, non so con quanto successo, non piace.[11]

Il riferimento al padre Johann non è fuori luogo perché anche questi si era occupato di meccanica dei fluidi ed anzi aveva pubblicato un trattato sul tema.[12]

Pare che Johann Bernoulli abbia di proposito falsificato la data del suo saggio (1732 invece di 1738) per rivendicare la priorità nei confronti dell'*Hydrodynamica* del figlio Daniel.

JOHANN BERNOULLI

Johann Bernoulli (Basilea, 1667-1748) è stato uno dei più importanti scienziati della dinastia dei Bernoulli e della storia della fisica matematica. Dopo essersi matematicamente formato sulle opere di Leibniz, da Ginevra, dove insegnava calcolo differenziale, nel 1691 Bernoullli fece un viaggio di istruzione a Parigi dove ebbe uno scambio di idee con alcuni matematici del gruppo di Malebranche che rappresentava il circolo matematico più avanzato del tempo. Fu all'interno di que-

---

[11] D. BERNOULLI, *Hydrodynamica*, cit, pp. 11-12.
[12] J. BERNOULLI, *Hydraulica nunc primum detecta ac demonstrata directe ex fundamentis pure mechanicis*, in *Opera Omnia*, vol. 4, Lausanne et Genève, Bousquet, 1732, pp. 387-488.

sto che ebbe l'opportunità di stringere amicizia con de l'Hôpital, forse il più preparato fra i matematici francesi del tempo, ma le cui capacità erano decisamente inferiori a quelle del giovane Bernoulli. Fu questi a insegnare al francese i metodi di calcolo che Leibniz aveva appena pubblicato e le lezioni proseguirono per via epistolare, dopo che Johann ritornò in Svizzera. Un impegno che diede frutto nel 1696, quando de l'Hôpital pubblicò un testo di calcolo infinitesimale (*Analyse des infiniment petits pour l'intelligence des lignes courbes*) basato proprio sugli insegnamenti di Bernoulli. Per la verità, nella prefazione, de l'Hôpital riconobbe il proprio debito nei confronti suoi e di suo fratello Jakob:

> Del resto riconosco di dovere molto ai lumi dei Mrs Bernoulli, soprattutto a quelli del giovane presentemente professore a Groninga. Mi sono largamente servito delle loro scoperte e di quelle Mr Leibniz. È per questo consento che ne rivendichino tutto ciò che vorranno, dichiarandomi contento di ciò che vorranno lasciarmi.

La famosa «regola di de l'Hôpital», esposta nel citato trattato, è infatti opera di Johann Bernoulli, qui citato come «professore a Groninga» perché si era trasferito in quella università avendo ottenuto la cattedra per intervento di Huygens. Dopo alcuni anni, tuttavia, scelse di tornare a Basel dove succedette al fratello nella cattedra di analisi matematica. Nel 1713, Johann venne coinvolto nella disputa fra Newton e Leibniz circa la priorità del calcolo infinitesimale e si schierò decisamente in favore del suo maestro proponendo esempi di problemi risolti col metodo di Leibniz nella risoluzione dei quali il metodo di Newton aveva fallito. Si schierò anche nel supporto della teoria dei vortici di Descartes in opposizione alla gravitazione newtoniana e questo ebbe un forte importanza nel ritardare la diffusione della fisica di Newton sul Continente. Certamente, dal 1727, anno della morte di Newton, Johann Bernoulli era di fatto il *princeps mathematicorum* in ambito europeo. La pubblicazione del saggio «Hydrodynamica» del figlio Daniel nel 1738 diede esca ad un forte senso di rivalità fra i due. A questo non è estraneo il fatto che la stampa del testo di Daniel richiese ben quattro anni (dal 1734 al 1738) e questo diede tempo al padre di riprendere gli studi di idraulica che aveva compiuto in precedenza. Nel 1716 Johann, infatti, aveva pubblicato un estratto di una lettera a Jacob Hermann, sotto il titolo: «Demonstratio Principii Hydraulici de aequalitate velocitatis quacum aqua per foramina vasorum erumpere incipit, cum ea quam aquae gutta acquirere posset motu naturaliter accelerato cadendo ex altitudine aequali illi quam aqua habet inm vasi supra foramen ...» Il 7 marzo 1739, cioè dopo la pubblicazione dell'*Hydrodynamica* di Daniel, Johann, in una lettera a Eulero gli annunciava l'invio della prima parte di un'opera sull'idrodinamica, e si impegnava a portare a termine la seconda in breve tempo, cosa che avvenne solo nell'agosto del 1740. Il testo venne pubblicato due volte; prima nei Commentari nel IX volume dei *Commentari dell'Accademia di San Pietroburgo* e poi nell'*Opera Omnia* di Johann sotto il titolo: «Dissertatio Hydraulica de Motu Aquarum per vasa aut per canales quamcumque figuram habentes fluentium; Dissertationis Hydraulicae Pars Secunda continens methodum directam et universalem solvendi omnia problemata hydraulica, quaecumque de aquis per canales cuiuscumque figurae fluenti bus fornari ac proponi possunt» (1742).

Nella prefazione, Johann, pur riconoscendo il valore dell'opera del figlio, dà un giudizio severo sui principi fisici sui quali è fondato, cioè sul teorema di conservazione delle forze vive:

> Nell'opera *Hydrodynamica*, che mio Figlio ha pubblicato qualche tempo fa, la materia è trattata con felici esiti, ma su un fondamento indiretto, cioè dichiaratamente sulla conservazione delle forze vive, che è legittimo e che io stesso ho dimostrato, e tuttavia non ancora accettato da tutti i Filosofi. Per primo io enunciai questa ipotesi nella Dinamica dei solidi [dopo che Huygens ha utilizzato un simile principio per la determinazione del centro di oscillazione] ma allo stesso modo manifestai costantemente l'intenzione di eliminare quell'ipotesi dalla soluzione alla quale si può arrivare mediante gli ordinari princìpi della dinamica ammessi da tutti i Geometri; poiché solo l'adesione ad essi conduce a soluzioni veramente sicure, e da sola è sufficiente a vincere l'ostinazione degli avversari. Il metodo diretto, basato solamente sui princìpi della Dinamica, nell'indagine della natura del moto delle acque erompenti da un foro praticato sul fondo di un vaso, oppure fluenti attraverso canali di ampiezza variabile, finora non ha prodotto nulla.[13]

Sotto l'aspetto storico, tuttavia, la parte più importante del trattato di Bernoulli è la seconda, che porta come titolo:

«Metodo diretto e universale per risolvere i problemi idraulici di ogni tipo e che possono essere formulati e proposti circa l'acqua che scorre in condotti di qualsivoglia forma.»

In questa parte espone un metodo diretto e universale, indipendente da un assioma fisico, per l'applicazione del calcolo differenziale. Se, infatti, sia Daniel

---

[13] J. BERNOULLI, *op. cit.*, pp. 387- 488.

nella sua *Hydrodynamica*, sia il padre nella prima parte della sua *Hydrologia*, hanno fatto uso dell'ordinario calcolo differenziale, nella seconda Johann si spinge oltre, proponendo un metodo generale che consente di tradurre un problema in un'equazione differenziale. Infatti, il figlio, nel suo trattato fa uso degli infinitesimi; ma non li traduce in equazioni differenziali.

Il metodo matematico utilizzato da Eulero nelle sue fondamentali opere di idraulica, si pone con evidenza nel solco tracciato da Johann e non fa mai appello al principio di conservazione delle forze vive.

BUFFON

Georges-Louis Leclerc, conte di Buffon (Montbard, 1707 - Parigi, 1788) intraprese gli studi di giurisprudenza, ma presto li abbandonò per dedicarsi a quelli scientifici. Dopo essere entrato nell'Académie des Sciences, nel 1739 ottenne la carica di intendente al Jardin du Roy, una sorta di museo di storia naturale, dove rimase fino alla vecchiaia, arricchendone progressivamente la raccolta. Nel contempo si dedicò alla stesura della sua grande opera di storia naturale che uscì in 36 volumi pubblicati a partire dal 1749, su un arco di tempo di mezzo secolo,[14] nella quale raccolse tutto il sapere dell'epoca nel campo delle scienze naturali.

In quest'opera enciclopedica la scienza della natura è distribuita in:

- 15 volumi sui quadrupedi (pubblicati fra il 1749 e il 1767),

- 9 volumi sugli uccelli (pubblicati fra il 1770 e il 1783),

- 5 volumi sui minerali (pubblicati fra il 1783 e il 1788), l'ultimo dei quali contiene il *Traité de l'aimant*, che fu l'ultima opera di Buffon,

---

[14] G-L. LECLER-BUFFON, *Histoire naturelle générale et particulière avec la description du Cabinet du Roy*, Parigi, Imprimerie Royale, 1749-1788.

- 7 volumi di supplementi tra cui le *Époques de la nature* (pubblicati nel 1778).

L'opera, che all'interno della corrente illuminista ebbe un peso culturale paragonabile all'*Encyclopédie* diede un contributo fondamentale al progresso di geologia, biologia e filosofia della natura del Settecento e procurò gran fama all'autore. L'opera non solo ebbe ruolo fondamentale come *summa* delle conoscenze naturalistiche del tempo, ma propose una nuova concezione della scienza della natura, superando la concezione meccanicistica cartesiana della materia come totalmente passiva. La natura non deve quindi essere interpretata sulla base di un disegno statico e prestabilito, ma come manifestazione di un processo continuo di interazione fra cause ed effetti che deve essere seguito risalendo al passato. Per questo la storia naturale diventa storia della natura di cui diede un saggio già all'inizio con l'*Histoire et théorie de la Terre*, una trattazione geologica e cosmologica nella quale Buffon rompe con la cosmogonia biblica sostenendo che la causa più importante delle sue trasformazioni non sia stato il diluvio universale, ma l'insieme di fattori naturali che agiscono lentamente e continuamente, come il calore e l'erosione delle acque. Pur consapevole della contiguità che lega tutti i viventi alla trasformazione storica della Terra, Buffon non accettò la concezione evoluzionistica, particolarmente cara a Maupertuis; e tuttavia la sua opera rappresenta una importante anticipazione della teoria enunciata da Darwin un secolo dopo. In relazione alla *Dissertazione* di cui ci occupiamo, la sola parte dell'*Histoire Naturelle* che ci interessa è l'introduzione metodologica generale esposta nel primo volume sotto il titolo esplicito di *Della maniera di studiare e trattare la storia naturale*.[15]

CLAIRAUT

Alexis Claude Clairaut (Parigi, 1713-1765) fu ammesso all'*Académie* nel 1729 (anche se la nomina fu confermata due anni dopo), divenendone il membro più giovane della sua storia. Al suo interno, Clairaut aderì al piccolo gruppo di scienziati francesi, guidati da Pierre Louis de Maupertuis, sostenitori della filosofia naturale di Newton. Anche questo contribuì a saldare forti vincoli di amicizia fra

---

[15] ID., *Premier Discours. De la manière d'étudier et de traiter l'histoire naturelle*, in *Histoire Naturelle*, vol. 1, Parigi, 1749.

il giovane matematico ed altri grandi personaggi, oltre al già citato Maupertuis, Voltaire e la marchesa di Le Chatelet che furono i principali vettori della diffusione della filosofia newtoniana sul Continente. Già negli anni '30, il giovane matematico francese aveva fornito importanti contributi a sostegno della teoria di Newton. Nelle proposizioni XVIII e XIX del Terzi Libro dei *Principia*, Isaac Newton prende in considerazione il problema della forma della terra e giunge a determinare il rapporto fra il diametro equatoriale e l'asse polare nell'ipotesi di una sezione ellittica. A questo proposito, Clairaut, allora appena 24-enne, intervenne con un profondo saggio in cui faceva largo uso delle tecniche dell'analisi, che venne pubblicato sulle *Philosophical Transactions*.[16]

Qualche anno più tardi, aiutò la marchesa a tradurre i *Principia* di Newton in francese, impresa che ebbe inizio prima del 1745 e che continuò fino a che venne pubblicata nel 1756.[17]

A proposito del contributo di Clairaut alla traduzione, scrivono gli editori nell'iniziale *Avertissement*:

> La seconda parte dell'opera è un commentario della parte dei Princìpi relativa al sistema del mondo. Questo commentario, a sua volta, è diviso in due parti, nella prima delle quali si espongono nella maniera più chiara i fenomeni principali dipendenti dall'attrazione: scoperte fino al presente irte di tante spine saranno ora accessibili a tutti i lettori capaci di attenzione e dotati di elementari nozioni di matematica. A questa parte del commentario ne succede un'altra più colta. Vi si danno mediante l'analisi la soluzione dei più bei problemi del sistema del mondo: vi vengono prese in esame la forma che hanno realmente o che avrebbero le orbite dei pianeti a seconda delle ipotesi della pesantezza, l'attrazione che eserciterebbero corpi di diversa forma, la rifrazione della luce, effetto dell'attrazione di parti insensibili dei corpi, la teoria della forma della terra e quella delle maree. Tutte ricerche tratte in gran parte o dalle opere di Clairaut o dagli appunti che forniva sotto forma di lezioni al Conte di Châtelet Lomont, figlio dell'illustre marchesa. La penultima sezione è una eccellente riproduzione del suo trattato sulla forma della terra.[18]

---

[16] A. CLAIRAUT, *An Inquiry concerning the Figure of Such Planets as Revolve about an Axis, Supposing the Density Continually to Vary, from the Centre towards the Surface*, in *Philosophical Transactions*, vol. 40, 1737 - 1738, pp. 277-306.
[17] NEWTON, *Principes mathématiques de la philosophie naturelle*, trad. di G-E. Breteuil, Marquise Du Chastellet, in due tomi, Parigi, 1756.
[18] Ivi, pp. II-III.

Il ruolo avuto da Clairaut venne precisato più avanti da Voltaire:

> Per quanto riguarda il commento algebrico, si tratta di un'opera distinta dalla traduzione. Madame du Châtelet lavorò sulle idee di Clairaut: i calcoli li fece da sé, e finito un capitolo, Clairaut lo esaminava e lo correggeva. Ma non è tutto. È possibile che in un lavoro così impegnativo sfugga qualche errore; è molto facile sostituire scrivendo un segno con un altro; e Clairaut faceva rivedere i calcoli da un altro, una volta posti in bella copia, cosicché è moralmente impossibile che sia sfuggita una svista e ciò che sarebbe altrettanto notevole è che un'opera nella quale Clairaut ha messo mano non fosse eccellente nel suo genere.[19]

L'amicizia con Maupertuis fu rinsaldata durante la spedizione in Lapponia, condotta da quest'ultimo per incarico dell'Accademia, fra l'aprile del '36 e l'agosto dell'anno successivo allo scopo di misurare il grado di longitudine e avere così una prova della ipotesi di Newton a proposito della forma oblata della terra. Fu anche in conseguenza di questa campagna di misure che nel 1743 Clairaut pubblicò il suo fondamentale saggio sulla forma della terra, che segnava la nascita della geodesia[20] e confermava l'ipotesi di Newton e Huygens che la terra fosse schiacciata ai poli.

Un altro campo esplorato da Clairaut fu quello dell'orbita della luna e quindi del cosiddetto «problema dei tre corpi». Il clamoroso risultato che ottenne fu che la forza di gravitazione non seguiva esattamente la legge dell'inverso del quadrato della distanza, come nella forma adottata da Newton. In questa audace ipotesi, Clairaut ebbe l'appoggio di Euler che nel settembre del '47 gli scrisse che «Potrei darti diverse prove che le forze agenti sulla luna non seguono esattamente la legge di Newton: quella che avete ricavato dal moto degli apogei mi sembra la più convincente.» Forte dell'appoggio di Eulero, Clairaut nel novembre del '47 presentò all'Accademia una memoria in cui proponeva una correzione della legge di gravitazione universale.[21]

L'annuncio suscitò molte polemiche ma in breve tempo lo stesso Clairaut si rese conto che la differenza fra il moto degli apogei lunari e quello previsto dalla

---

[19] Ivi, pp. IX-X.
[20] A. CLAIRAUT, *Théorie de la figure de la Terre, tirée des principes de l'Hydrostatique*, Parigi, chez David fils, 1743.
[21] ID., *De l'orbite de la lune, en ene négligeant pas les quantités de même ordre que les forces perturbatrices*, in *Histoire de l'Académie Royale edes Sciences*, Parigi, Imprimérie Royale, 1748, pp. 421-440.

teoria ortodossa era dovuto ad errori provenienti dalle approssimazioni adottate piuttosto che da una inadeguatezza della legge newtoniana di gravitazione e correttamente ne informò l'Accademia nel maggio del 1749. Nello stesso anno raccolse i suoi studi sulla luna in un saggio che rappresenta tuttora un riferimento fondamentale.[22]

Le conoscenze acquisite in materia di problema dei tre corpi gli consentirono di dedicarsi al calcolo dell'orbita della cometa di Halley e predirne la data esatta del ritorno. Dopo calcoli laboriosi diede l'annuncio che la cometa si sarebbe trovata al perielio il 15 aprile 1759, con un'incertezza di un mese. La cometa venne effettivamente osservata il 13 marzo dello stesso anno, evento che decise definitivamente l'accettazione universale della teoria della gravitazione nella formulazione newtoniana.

> Si sente con quante precauzioni presento un tale annuncio, poiché tante piccole quantità di necessità trascurate nei metodi di approssimazione potrebbero alterare di un mese la data prevista…, poiché tante altre cause sconosciute, come ho detto all'inizio di questa Memoria, possono aver agito sulla nostra Cometa e poiché infine non posso essere sicuro io stesso dell'esattezza delle mie numerose e delicate operazioni se non dopo averle poste sotto gli occhi dei miei confratelli e dei miei giudici.[23]

CONDORCET

Marie-Jean-Antoine-Nicolas de Caritat, marchese di Condorcet (Ribemont, 1743 - Bourg-la Reine, 1794), fu membro eminente del gruppo di intellettuali detti *enciclopedisti*, e condivise le convinzioni filosofiche di D'Alembert, Diderot, d'Holbach e Voltaire, detti «les philosophes».

---

[22] ID., *Théorie de la lune, déduite du seul principe de l'Attraction réciprocament proportionelle aux quarrés des distances*, Parigi, Dessain & Saillant, 1765.
[23] ID., *Memoire sur la comète de 1682, adressé à MM. les Auteurs du Journal des Sçavans*, in *Journal des Sçavans*, Parigi, Lambert, Gennaio 1759, pp. 38-45.

Pubblicò, a partire dal 1765, diversi trattati di analisi[24] e meccanica celeste[25] che gli meritarono l'ammissione all'Académie des Sciences nel '69, grazie al sostegno di D'Alembert.

Negli anni '80 l'interesse di Condorcet si rivolse al calcolo delle probabilità sul quale pubblicò alcune osservazioni fondamentali nelle *Memorie* dell'Accademia,[26] estendendole ai fenomeni sociali.

Raccolse poi le sue riflessioni sul calcolo delle probabilità applicato ai fenomeni sociali in un saggio di critica scientifica sull'attendibilità delle decisioni assunte da un'assemblea a maggioranza di voti.[27]

Politicamente attivo durante la Rivoluzione, venne accusato di tradimento e, dopo alcuni mesi di latitanza, rinchiuso nelle carceri di Bourg-la-Reine, dove morì in circostanze oscure.

COUSIN

Jacques Antoine Joseph Cousin (Parigi, 1739-1800) venne accolto all'Académie des Sciences nel 1772, all'età di 33 anni, preferendolo a Laplace, che ne aveva dieci di meno. Nel 1766 era professore di fisica generale al Collège de France, posizione che mantenne per 32 anni. Fu anche, per vent'anni, professore di matematica all'École Militaire. Nel periodo rivoluzionario del Terrore fu imprigionato per più di otto mesi nel carcere del *Luxembourg* e in quella tragica situazione

---

[24] N. DE CONDORCET, *Du calcul integral*, Parigi, Didot, 1765.
[25] ID., *Du problème des trois corps*, Parigi, Didot, 1767.
[26] ID., *Mémoire sur le calcul des probabilités*, in *Histoire de l'Académie Royale des Sciences, Année 1781*, Parigi, 1784, pp. 707-728; *Mémoire sur le calcul des probabilités, trisième partie, Sur l'évaluation des Droits éventuels*, in *Histoire de l'Académie Royale des Sciences, Année 1782*, Parigi, 1785, pp. 674-691; *Mémoire sur le calcul des probabilités, quatrième partie, Réflections sur la méthode de déterminer la Probabilité des événements futurs, d'après l'Observation*, in *Histoire de l'Académie Royale des Sciences, Année 1783*, Parigi, 1786, pp. 539-559; *Suite du Mémoire sur le calcul des probabilités, Application des principes de l'article précedent à quelques questions de critique*, in *Histoire de l'Académie Royale des Sciences, Année 1784*, Parigi, 1787, pp. 454-468.
[27] ID., *Essai sur l'application de l'Analyse à la Probabilité des décisions redues à la pluralité des voix*, Parigi, Imprimerie Royale, 1785.

scrisse un «Trattato elementare di fisica» che venne pubblicato nel 1795[28] in cui affrontava vari temi di chimica, fisica e astronomia.

Di questo saggio, l'autore disse che «Ho scritto questa piccola opera durante il mio soggiorno al *Luxembourg*. È il riassunto delle conversazioni con cui cercavamo di dimenticare, per breve tempo, l'infelice condizione di detenuti in cui ci trovavamo.» Dopo la liberazione si occupò prevalentemente di politica, assumendo diverse cariche pubbliche.

Nel 1777 Cousin raccolse le sue conoscenze in fatto di analisi matematica in un trattato in due volumi che rappresenta un riferimento obbligato per chi voglia farsi un'idea del grado di sviluppo raggiunto da tale scienza negli anni dell'*Encyclopedie*.[29]

Un trattato che mette in evidenza a qual segno fosse stretto il legame fra l'analisi matematica e le sue applicazioni in meccanica, tanto da rappresentare quasi una sola scienza.

Per quanto ci riguarda, l'opera di Cousin che presenta il maggior interesse è la sua *Introduzione all'astronomia fisica*[30], dove con questo termine si designava quella che oggi si direbbe *Meccanica celeste*.

Da questa abbiamo riportato il «Discorso preliminare», letto nella seduta pubblica del Collège Royal l'11 novembre 1782, in quanto lo riteniamo la miglior esposizione storica di matematica e meccanica sullo sfondo della quale collocare la *dissertazione* che il nostro Anonimo ha presentato alla Reale Accademia di Mantova nel 1788.

---

[28] J. A. J. COUSIN, *Traité élémentaire de physique*, Barrois, Parigi, l'année III républicain 1795.
[29] ID., *Leçons de calcul differentiel et de calcul integral*, chez Jombert, Parigi, 1777.
[30] ID., *Introduction à l'étude de l'astronomie physique*, chez Didot l'Aîné, Parigi, 1787.

EULER

Leonhard Euler (Basilea, 1707 - San Pietroburgo, 1783) ha dato contributi fondamentali in tutti i rami della matematica ed è stato senza dubbio il più fecondo matematico della storia. Le sue ricerche hanno riguardato in particolare il Calcolo differenziale e la Meccanica razionale, che, unitamente alla meccanica celeste, fece diventare la scienza per antonomasia del XVIII secolo. Si può considerare il fondatore del Calcolo delle variazioni e delle equazioni differenziali, ed un precursore della Geometria differenziale delle superfici. Per quanto riguarda la fisica, fu Euler, e non Newton, a formulare la maggior parte delle equazioni differenziali che stanno alla base di quella che si indica come «Meccanica classica». A proposito di questo gigante del pensiero matematico, dall'interno della sua immensa produzione scientifica, ci limitiamo a ricordare una minima cosa, ma di fondamentale importanza. Nei corsi introduttivi di fisica un ruolo di primo piano è svolto da quella che è nota come «seconda legge della dinamica», la denominazione della quale lascia intendere che la sua enunciazione sia da attribuire a Newton, a dispetto del fatto che nei Principia la si cercherebbe invano. Il primo enunciato di tale legge lo si trova in un saggio di Euler pubblicato nel 1750, cioè 63 anni dopo la prima edizione dei Principia.[31]

La formulazione di Eulero è la seguente:

> Sia un corpo infinitamente piccolo, la cui massa sia riunita in un solo punto, tale massa essendo = M; che questo corpo abbia ricevuto un movimento qualunque, & che sia sollecitato da delle forze qualsiasi. Per determinare il moto di questo corpo, basta considerare solo l'allontanamento di questo corpo da un piano qualunque fisso e immobile; sia all'istante presente la distanza del corpo da questo piano =x; si decompongano le forze agenti sul corpo, secondo delle direzioni, che siano o parallele al piano, o perpendicolari, & sia P la forza che risulta da questa composizione nella direzione perpendicolare al piano & che tenderà di conseguenza ad allontanare o ad avvicinare il corpo al piano. Dopo l'elemento di tempo dt, sia $x + dx$ la distanza del corpo dal piano, & prendendo questo elemento dt come costante, sarà

$$2M\,ddx = \pm P\,dt^2$$

---

[31] L. EULER, *Découverte d'un nouveau principe de Mécanique*, in *Mémoires de l'académie des sciences de Berlin* 6, 1752, pp. 185-217.

A seconda che la forza *P* tenda o ad allontanare o ad avvicinare il corpo al piano. E' questa sola formula che racchiude tutti i principi della Meccanica.»

Salta agli occhi un fattore «2» che non compare nella formulazione corrente; ma questo discende dal fatto che l'accelerazione veniva definita come il doppio dello spazio percorso durante il primo secondo di azione della forza.

Eulero viene ritenuto uno dei fondatori dell'idraulica come scienza, unitamente a Johann e Daniel Bernoulli, con cui mantenne una lunga e fitta corrispondenza e scambi di idee. Le sue furono esposte in tre fondamentali dissertazioni comparse nelle memorie dell'Accademia delle Scienze di Berlino nel 1757.[32]

Fu soprattutto per merito di Euler che le accademie scientifiche di San Pietroburgo e di Berlino divennero centri di studio di prestigio pari all'Accademia delle Scienze di Parigi. Le prime tre serie della sua *Opera Omnia*, che comprendono all'incirca un terzo di tutte le ricerche di matematica, fisica teorica ed ingegneria meccanica, pubblicate dal 1726 al 1800, corrispondono a 74 grossi volumi, contenenti più di 810 fra articoli e libri.

Accanto all'attività scientifica, di grande importanza sono le 234 lettere, raccolte sotto il titolo di *Lettere a un Principessa tedesca* scritte fra il 1760 e il 1762 alla principessa Charlotte, figlia del margravio Friedrich von Brandenburg-Schwedt. Le lettere, scritte in francese, trattano di filosofia naturale, ma anche di filosofia e di religione. Nella parte scientifica, Euler tratta di musica, aria, ottica, gravità, cosmologia, di maree e di teoria della materia, elettricità, magnetismo, lenti, telescopio, microscopio e distanze stellari. Un esempio di alta divulgazione che documenta la visione di Euler sulle scienze, oltre che sulla filosofia, in una strenua difesa della propria concezione religiosa nei confronti dei liberi pensatori e degli enciclopedisti francesi. Il testo, nel 1840 aveva avuto quaranta edizioni, in otto lingue diverse.[33]

---

[32] L. EULER, *Principes généraux de l'état d'equilibre des fluides*, in *Mémoires de l'académie des sciences de Berlin 11*, 1757, pp. 217-273; *Principes généraux du mouvement des fluides*, in *Mémoires de l'académie des sciences de Berlin 11*, 1757, pp. 274-315; *Continuation des recherches sur la theorie du mouvement des fluides*, in *Mémoires de l'académie des sciences de Berlin 11*, 1757, pp. 316-361.
[33] ID., *Lettres à une princesse d'Allemagne sur divers sujects*, de l'Imprimérie de l'Académie, San Pietroburgo, 1768.

FRISI

Nato a Melegnano nel 1727, Paolo Frisi entrò giovanissimo nella Congregazione dei chierici regolari di S. Paolo. Nel seminario di Pavia ebbe come insegnante Ramiro Rampinelli, maestro di Gaetana Agnesi, al quale spetta il merito di averlo indirizzato allo studio della matematica. Terminati gli studi, nel 1750 fu chiamato ad occupare la cattedra di filosofia morale nel collegio di Casale Monferrato, lasciata libera dal barnabita Gerdil che, forte delle sue convinzioni filosofiche, non esitava ad applicarle anche in campo scientifico. Ne è testimonianza una memoria sull'attrazione newtoniana che ebbe notevole risonanza in Europa.[34]

Per contro, nell'anno in cui prese la cattedra a Casale, Frisi aveva dato inizio alla composizione di un trattato sulla forma della Terra[35] in cui faceva ampio riferimento alle teorie newtoniane.

La pubblicazione dell'opera gli costò la perdita dell'insegnamento e l'allontanamento da Casale, anche se il successo avuto dalla *Disquisitio* gli procurò l'ingresso all'Accademia delle Scienze di Parigi. Nel 1757 diventò socio corrispondente della Royal Society e pubblicò due importanti dissertazioni dedicate rispettivamente a una teoria dei fenomeni elettrostatici[36] e al moto della Terra.[37]

L'anno successivo vinse il premio dell'Académie des Sciences per una dissertazione sulla *Nature des Atmosphères des Planètes* che venne pubblicata in Italia.[38]

Nel 1761 lasciò l'insegnamento filosofico per occupare la cattedra di matematica, di cui fu titolare fino al 1764, quando passò alle Scuole Palatine di Milano e in quel periodo entrò a far parte della redazione de «Il caffè», periodico dell'illuminismo lombardo. Negli stessi anni si manifestò un forte attrito fra il barnabita Frisi e il gesuita Boscovich, una delle figure più luminose della scienza del secolo.

---

[34] G. GERDIL, *Dissertations sur l'incompatibilité de l'attraction et de ses différentes loix, avec les phénomènes et sur les tuyaux capillaires*, Parigi, Desaint et Saillant, 1754.
[35] P. FRISI, *Disquisitio matematica in causam physicam figuræ et magnitudinis telluris nostræ*, Milano, Regia Curia, 1751.
[36] ID., *Nova electricitatis theoria*, Milano, 1755.
[37] ID., *De motu diurno terrræ dissertatio*, Pisa, ex nova typographia Paulli Giovannelli & sociorum, 1756
[38] ID., *De atmosphaera caelestium corporum dissertatio physico-mathematica*, Lucca, apud Vincentium Junctinium, 1759.

Due figure di scienziati che diedero importanti contributi sia nel campo della meccanica celeste, che della matematica e, soprattutto, dell'idrodinamica per cui vennero di frequente consultati su diversi problemi di bonifica e gestione di canali e fiumi.

In seguito Frisi intraprese una serie di viaggi che toccarono i maggiori centri culturali d'Europa. In Francia conobbe e frequentò gli "Enciclopedisti", stringendo amicizia con Diderot e de'Alembert, a Londra con Hume. Nel 1768 pubblicò un saggio sulla teoria della gravitazione[39] che rappresentò uno dei primi sintomi della diffusione della filosofia newtoniana in Europa.

In collaborazione con l'astronomo svedese Melanderhielm, pubblicò uno studio sui moti lunari.[40]

Nel biennio fra l'80 e l'82, Frisi dedicò la maggior parte delle sue energie alla composizione di quella che, a giudizio dei contemporanei, è la sua opera più importante: l'*Algebra*.[41]

Nei pochi anni che gli restavano da vivere, Frisi ritornò ai temi di carattere filosofico-politico, pubblicando un *Elogio* di d'Alembert (morto nel 1783)[42] che è un saggio sulla libertà della cultura e l'indipendenza dell'intellettuale.

LAGRANGE

Giuseppe Lodovico Lagrange (Torino, 1736 - Parigi 1813) pur essendo piemontese per nascita esercitò il suo genio matematico per ventun anni a Berlino e per ventisei a Parigi, dove è sepolto nel Panteon. Il suo nome è inciso su una delle formelle della Torre Eiffel, a ricordo di uno fra i maggiori e più influenti matematici del XVIII secolo. In matematica fu molto precoce; all'età di 17 anni diede inizio ad una corrispondenza con Eulero sul calcolo delle variazioni. Matematicamente, si formò da autodidatta. Su consiglio di Giovan Battista Beccaria iniziò a

---

[39] ID., *De gravitate universali corporum libri tres*, Milano, apud Joseph Galeatium, 1768.
[40] D. MELANDRI et P. FRISII, *De theoria lunæ commentarii*, Parma, ex Typographia Regia, 1769.
[41] P. FRISI, *Algebra e geometria analitica*, Milano, Giuseppe Galeazzi, 1782.
[42] ID., *Elogio del Signor d'Alembert*, Milano, appresso Giuseppe Galezzi, 1786.

studiare gli *Elementa matheseos universae* del filosofo e matematico Christian Wolff, pubblicato negli anni '30 del '700.

A partire dal 1752 continuò con lo studio di alcuni dei più importanti testi di matematica pubblicati in quel periodo: le *Instituzioni analitiche* di Maria Gaetana Agnesi (1748), le *Lectiones mathematicae de calculo integralium* di Johann Bernoulli (1742), il *Traité de dynamique* di d'Alembert (1743), il *Methodus inveniendi lineas curvas* di Eulero (1744), le *Produzioni matematiche* di Giulio Carlo Fagnano. Delle opere di Eulero, Lagrange studiò anche la sua *Mechanica, sive motus scientia analytice exposita*, pubblicata in due volumi nel 1736. A distanza di neppure dieci anni dalla morte di Newton, era la prima opera di meccanica del punto materiale esposta, per la prima volta, con i metodi dell'analisi, invece di quelli della geometria.

Una lettura fondamentale, che segnò Eulero per tutta la sua lunga vita scientifica nel corso della quale, come Eulero, privilegiò sempre i metodi analitici, deprecando il ricorso al vecchio linguaggio geometrico. Il suo primo lavoro scientifico, l'unico che scrisse in lingua italiana, fu una «Lettera a Giulio Carlo da Fagnano», pubblicato nel 1754.[43]

Purtroppo, poche settimane dopo la pubblicazione, Lagrange ebbe la sgradita sorpresa di scoprire che il suo risultato era già stato raggiunto da Leibniz e pubblicato nel primo tomo della sua corrispondenza con Johann Bernoulli, relativo agli anni dal 1694 al 1699.

Nel 1766, su proposta di Eulero e di D'Alembert, venne chiamato ad assumere il ruolo di presidente della classe di scienze dell'Accademia di Berlino, che era stato di Eulero, carica che ricoprì fino alla morte del sovrano Federico II di Prussia. Nel 1787, su invito del re di Francia Luigi XVI, si trasferì a Parigi con la carica di Direttore della sezione matematica dell'Accademia delle Scienze. Nel 1787, dopo il trasferimento a Parigi, Lagrange pubblicò il suo capolavoro per il quale neppure la scelta del titolo (*Méchanique analitique*) è casuale.[44]

---

[43] J-L. DE LA GRANGE, *Lettera all'illustrissimo Sig. Conte Giulio Carlo da Fagnano*, Torino, Stamperia Reale, 1754.
[44] ID., *Méchanique analitique*, Parigi, Desaint, 1788.

Il trattato si presenta come una lucida sintesi di un secolo di ricerche meccaniche, a partire dai «Principia» di Newton. La parte di dinamica (*Sur les differens Principes de la Dynamique*) è preceduta da un'accurata disamina delle formulazioni della meccanica proposte dai matematici più illustri, a partire da Galileo e Newton e sviluppa la meccanica basandola sul calcolo delle variazioni che consente di ricavare le proprietà dei sistemi meccanici dalle variazioni di un integrale in cui compaiono gli spostamenti virtuali rispetto a quelli realmente subiti dal sistema stesso. Una procedura che implica l'adozione di coordinate indipendenti, dette coordinate generalizzate, necessarie a stabilire lo stato di un sistema con un numero finito di gradi di libertà. Ciò che è più notevole, nel contesto di cui ci occupiamo, è il fatto che la trattazione è, come dice il titolo, completamente analitica, cosa che porta a compimento una rivoluzione concettuale e di linguaggio, nei confronti del fondamentale trattato di Newton. La *Méchanique analitique* di Lagrange segna quindi il punto d'arrivo di un travaglio scientifico che ha conferito alla scienza meccanica un linguaggio e dei metodi affatto diversi rispetto a quelli esposti nei *Principia*. Che Lagrange ne fosse perfettamente consapevole risulta palese dall'avvertenza posta all'inizio della *Méchanique*:

> Vi sono già diversi Trattati di Meccanica, ma il piano di questo è interamente nuovo. Mi sono proposto di ridurre la teoria di questa scienza e l'arte di risolvere i problemi che vi sono connessi, a formule generali, il cui semplice sviluppo fornisce tutte le equazioni necessarie alla soluzione di ciascun problema. Mi auguro che la maniera con cui mi sono sforzato di realizzare lo scopo non lasci nulla a desiderare.
>
> Quest'opera avrà del resto un'altra utilità; riunirà e presenterà sotto un unico punto di vista, i diversi Principi trovati finora per facilitare la soluzione dei problemi di meccanica, ne mostrerà le connessioni e la mutua dipendenza, e metterà a portata di giudizio la loro giustezza e la loro estensione.
>
> Ho diviso l'opera in due parti; la Statica ovvero la Teoria dell'Equilibrio, e la Dinamica ovvero la Teoria del Movimento; e ciascuna di queste parti tratterà separatamente i Corpi Solidi e i Fluidi.
>
> Non si troveranno figure in quest'opera. I metodi che vi espongo non richiedono né costruzioni, né ragionamenti geometrici o meccanici, ma solamente operazioni algebriche, soggette ad un procedimento regolare e uniforme. Coloro che amano l'Analisi vedranno con piacere la Meccanica diventarne una nuova branca e mi saranno grati di averne esteso il dominio.

LAPLACE

Pierre Simon de Laplace (Beaumont-en-Auge, Calvados, 1749 - Parigi, 1827), all'età di 16 anni entrò all'università di Caen dove manifestò i suoi talenti matematici. Dopo due anni si trasferì a Parigi, con una lettera di presentazione per d'Alembert che gli procurò una posizione di insegnante di matematica all'École Militaire. La prima memoria (sul calcolo integrale) venne pubblicata nel 1771 sugli *Acta Eruditorum* di Lipsia. Nello stesso anno inviò all'Accademia di Torino una memoria su *Recherches sur le calcul intégral aux différences infiniment petites, et aux différences*, in cui presentava alcune delle equazioni fondamentali per la meccanica e l'astronomia. Ebbe difficoltà ad essere ammesso all'Académie des Sciences, tanto che d'Alembert scrisse una lettera a Lagrange, al tempo presidente della Classe di matematica all'Accademia di Berlino, per raccomandarne l'ammissione in quella organizzazione.

Gli anni '70 del secolo furono quelli in cui Laplace si formò come matematico di punta in ambito internazionale. Non solo diede contributi fondamentali sulle equazioni alle differenze finite e sulle equazioni differenziali, ma prese in esame la loro utilizzazione all'astronomia teorica e alla teoria delle probabilità, due temi ai quali dedicò gli sforzi maggiori. Il 27 novembre 1771 lesse una relazione all'Accademia (*Une théorie génerale di mouvement des planètes*) nella quale affrontava per la prima volta il fondamentale problema della stabilità del sistema solare, che perfezionò in seguito.[45]

Risale al 1771 il primo tentativo di Laplace di ottenere l'ammissione all'Académie des Sciences; ma gli venne preferito Vandermonde; ci riprovò nel 1772, ma a lui venne anteposto Cousin. Nonostante la differenza di età (Cousin aveva 33 anni e Laplace solo 23), il fatto di venire sorpassato da un matematico molto meno capace di lui gli procurò una grande sofferenza.

L'opera che ne determinò la fama fu il ponderoso trattato di Meccanica Celeste.[46] In quest'opera monumentale, applicò i metodi dell'analisi matematica più avanzata (teoria delle perturbazioni; teoria dell'accelerazione secolare della Luna;

---

[45] P. S. LAPLACE, *Sur le principe de Gravitation Universelle, et sur les inégalites séculaires des planètes qui en dépendent*, in *Mémoires de l'Académie des Sciences de Paris, Savants étrangèrs, année 1773*, t. VII, 1773.
[46] ID., *Traité de mécanique céleste*, voll. 5, Parigi, de l'Imprimerie de Crapelet, An VII 1799.

invariabilità secolare delle distanze medie dei pianeti dal Sole; perturbazioni mutue di Giove e Saturno; teoria dinamica delle maree; ecc.) ai problemi posti dalla meccanica del sistema solare. In un saggio destinato ad un pubblico più vasto Laplace diede una rigorosa formulazione scientifica alla teoria cosmogonica di Emmanuel Kant relativa all'origine del sistema solare.[47]

Laplace fornì fondamentali contributi anche nell'elettromagnetismo e in altri campi della fisica (teoria dei fenomeni capillari, calcolo della velocità di propagazione del suono, teoria dei gas, calorimetria, ecc.), ma quelli che ne hanno fatto un gigante del pensiero scientifico sono quelli dedicati all'analisi algebrica e infinitesimale (serie numeriche, serie trigonometriche in due variabili; frazioni continue; integrazione di equazioni differenziali alle derivate ordinarie e alle derivate parziali; equazioni alle differenze finite, equazione di Laplace, teoria del potenziale, ecc.). Fondamentali sono anche due opere sul calcolo delle probabilità.[48]

Di alcuni anni successivo è un saggio filosofico sul concetto di probabilità[49] che rappresenta tuttora un riferimento fondamentale per gli studiosi di quel ramo delle matematiche.

MAC LAURIN

Colin Mac Laurin (1698-1746), scozzese, viene ricordato soprattutto per i rilevanti contributi che diede allo sviluppo dell'analisi matematica. Fra il 1721 e il '22 risiedette a Londra dove ebbe l'opportunità di conoscere Isaac Newton ed altri grandi matematici e venne ammesso alla Royal Society. Fra i suoi lavori più importanti si ricorda un «Trattato sulle flussioni» che fu la prima esposizione sistematica dell'analisi di Newton.[50]

---

[47] ID., *Exposition du système du monde*, 2 voll, Parigi, De l'Imprimerie du Cercle-Social, L'an IV de la Republique Français, 1796.
[48] ID., *Théorie analytique des probabilités,* Parigi, Courcier, Parigi, 1812.
[49] ID., *Essai philosophique sur les probabilités,* Parigi, Courcier, 1814.
[50] C. MAC LAURIN, *A Treatise on Fluxions*, in due voll., Edinburgo, Ruddimans, 1742

Più significativa, per i nostri scopi, è un'opera tesa alla divulgazione delle teorie meccaniche di Newton, che uscì postuma nel 1748[51] che è anche un'importante testimonianza della grande diversità di linguaggio fra le opere che sugli stessi temi si cominciavano a pubblicare in Francia e quelle inglesi, legate a linguaggi letterari e matematici ormai in via di definitivo superamento.

> L'orbita della luna, secondo le osservazioni degli astronomi, non differisce di molto da una circonferenza di raggio uguale a 60 volte il semidiametro della terra; e la circonferenza della sua orbita è, pertanto, circa 60 volte la circonferenza di un meridiano terrestre; che i matematici francesi hanno trovato essere 123249600 piedi parigini. Da ciò si ricava facilmente la circonferenza dell'orbita della luna e poiché compie la sua rivoluzione in 27 giorni, 7 ore e 43 minuti, è facile calcolare la lunghezza dell'arco descritto in un minuto. Ora, per calcolare di quanto un'estremità di questo spazio dista dalla tangente condotta dall'altra estremità, sappiamo dalla geometria che questa distanza è pressoché il terzo proporzionale fra il diametro dell'orbita e l'arco descritto in un minuto; e mediante un facile calcolo si trova che questo spazio è $15 \frac{1}{12}$ piedi parigini. Questo è lo spazio descritto a causa della gravità verso la terra che, perciò, è una potenza che, alla distanza di 60 semidiametri terrestri, è capace di farla scendere in un minuto di $15 \frac{1}{12}$ piedi parigini. Questa potenza aumenta con la vicinanza alla terra: allo scopo di vedere quale sarebbe la forza sulla superficie della terra, supponiamo che scenda così lentamente lungo la sua orbita da sfiorare, alla minima distanza, la superficie della terra. Si troverebbe quindi sessanta volte più vicina al centro della terra e sarebbe dotata di una velocità sessanta volte maggiore, ma le aree descritte da una linea tracciata fra essa e il centro in tempi uguali, dovrebbero continuare ad essere uguali. Pertanto la luna, sfiorando la superficie della terra, nel punto di minima distanza, in un secondo di tempo (che è un sessantesimo di minuto) descriverebbe un arco uguale a quello che descrive in un minuto alla sua reale distanza media e cadrebbe sotto la tangente condotta dall'inizio dell'arco descritto in un secondo di un tratto uguale a quello per cui cade in un minuto alla sua reale distanza media; cioè in prossimità della superficie della terra cadrebbe di $15 \frac{1}{12}$ piedi parigini in un secondo di tempo. Ora questo è esattamente lo stesso spazio di cui, per esperienza, sappiamo cadere tutti i gravi sotto l'azione del loro peso. Pertanto, la luna cadrebbe sulla superficie della terra con la stessa velocità, e comunque nella stessa maniera in cui i gravi cadono verso la terra; e la potenza che agisce sulla luna, accor-

---

[51] ID., *An Account of Sir Isaac Newton's Philosophical Discoveries in Four Books*, London, Published from the Author's Manuscript Papers, 1748.

dandosi in direzione e forza con la gravità dei corpi pesanti, e agendo incessantemente per tutto il tempo, come fa la gravità, devono essere della stessa natura, e procedere da una medesima causa.

Il calcolo si può fare anche in questo modo: poiché la distanza media della luna dalla terra è sessanta volte la distanza che i corpi sulla sua superficie hanno dal suo centro, e la gravità aumenta in proporzione al diminuire del quadrato della sua distanza dal centro della terra, la sua gravità sarebbe 60 X 60 volte maggiore sulla superficie della terra di quanto non sia alla sua reale distanza media, e perciò la trascinerebbe per $60 \times 60 \times 15 \frac{1}{12}$ piedi parigini in un minuto, sulla superficie terrestre: ma la stessa potenza la trascinerebbe per uno spazio 60 X 60 volte minore in un secondo, invece che in un minuto, per ciò che è stato spesso osservato circa la caduta dei gravi; e pertanto la luna, in un secondo di tempo, cadrebbe per la sua gravità in prossimità della superficie terrestre di $15 \frac{1}{12}$ piedi parigini; che è la stessa dei corpi terrestri.

Così Sir Isaac Newton dimostrò che la potenza della gravità si estende fino alla luna, che essa è pesante, come lo sono tutti i corpi terrestri per esperienza perpetua; e che la luna è trattenuta nella sua orbita dalla stessa causa in conseguenza della quale una pietra, una palla o un qualsiasi proiettile descrive una curva nell'aria. Se la luna, o una sua parte, venisse portata giù sulla terra e lanciata nella stessa direzione e con la stessa velocità di un proiettile terrestre, percorrerebbe la stessa traiettoria; e se un corpo qualsiasi dalla terra venisse portato alla distanza della luna e venisse lanciato nella stessa direzione e con la stessa velocità con cui si muove la luna, percorrerebbe la stessa orbita che percorre la luna, con la stessa velocità. Pertanto la luna è un proiettile e il moto di un proiettile qualsiasi fornisce un'immagine del moto si un satellite o della luna. Questi fenomeni sono talmente coincidenti che è manifesto che non possono procedere che da una medesima causa.[52]

MONGE

Gaspard Monge (Beaune, 1746 - Parigi, 1818) era nel pieno della sua attività scientifica al tempo del concorso indetto dalla Reale Accademia di Mantova. Con le sue comunicazioni all'Accademia di Francia si era creato fama di un ingegno eccezionalmente dotato e multiforme. Ne sono testimonianza i temi delle memorie

---

[52] ID., *An Account*, cit., pp. 265-267.

presentate all'Accademia delle Scienze di Parigi nel solo 1781: «macchine diverse»; «sul gran freddo del 1776»; «calcolo delle probabilità»; «macchina per risalire un fiume»; «teoria dei torrenti e dei fiumi e modo di impedire il franamento degli argini». Al tempo si era già fatto un nome nell'ambiente scientifico, in quanto nel '68 era stato nominato professore in una scuola militare, tuttavia, sotto la stringente condizione che i risultati della geometria descrittiva da lui inventata rimanessero un segreto militare limitato ai soli ufficiali superiori. Fra i suoi lavori più importanti ve ne fu uno dedicato al problema che lui chiamò «des déblais et des remblais», che si potrebbe tradurre come «degli sbancamenti e degli interramenti», presentato all'Accademia nel 1776, che individua la strategia più efficace da adottare nel trasporto di grandi masse di terra per realizzare fossati e linee di difesa. Questione di grande rilievo militare se si riflette sull'importante ruolo che i grandi terrapieni, sui quali venivano disposte le unità di artiglieria, ebbero nelle guerre napoleoniche. Una dissertazione che si può considerare come punto di partenza della «Teoria del trasporto ottimale»[53] e anche come uno dei testi fondativi della «geometria differenziale».[54]

Le grandi scoperte matematiche di Monge si situano fra il 1768 e il 1790, in quanto, dopo lo scoppio della rivoluzione, Monge, fervente repubblicano, si dedicò completamente alle scienze applicate e alla organizzazione dell'École Polytechnique, ideata principalmente come strumento di rinnovamento della ricerca scientifica. Per rendere più efficace l'insegnamento, Monge raccolse le sue scoperte più importanti in tre opere che divennero fonte d'ispirazione geometrica per più di un secolo. Le tre opere riguardano la geometria differenziale,[55] la geometria descrittiva[56] e la geometria analitica,[57] che andava sotto il nome di «Applicazioni dell'algebra alla geometria».

---

[53] In matematica e in economia, il problema del trasporto ottimale consiste nello studio di come trasferire una distribuzione di massa da un luogo a un altro "in maniera ottimale". Nel caso particolare studiato da Monge nel suo trattato del 1781 ci si domandava quale fosse la maniera ottimale di spostare della terra per costruire delle fortificazioni, supponendo che il "costo di trasporto" sia proporzionale alla distanza.
[54] G. MONGE, *Mémoire sur la théorie des déblais et des remblais*, in *Histoire de l'Académie royale des sciences avec les mémoires de mathématique et de physique tirés des registres de cette Académie*, Parigi, 1781, pp 666-705.
[55] ID., *Feuilles d'Analyse appliquée à la Géométrie*, Parigi, 1795.
[56] ID., *Géométrie descriptive*, Parigi, Baudouin, 1799.
[57] ID., *Application de l'Algèbre à la Géométrie*, Parigi, H.L. Perroneau, 1805.

Ciascuno di questi manuali è pieno di idee nuove. Nelle *Applicazioni dell'Analisi* sono contenute le ricerche sulla teoria delle curve sghembe, sulla teoria delle superfici (comprese le linee di curvatura), sulla teoria delle caratteristiche delle equazioni alle derivate parziali del primo ordine. La Geometria descrittiva coincide quasi esattamente con le esposizioni moderne della teoria.

La fine della storia di Monge è molto triste. Dopo la caduta di Napoleone venne brutalmente cacciato dall'Accademia di Francia e al suo posto andò Augustin Cauchy, anche lui grande matematico, ma di sentimenti fermamente monarchici e reazionari. Privo ormai di stimoli, perse lentamente la sua lucidità mentale e si spense il 28 luglio 1818, esattamente tre anni dopo la sconfitta di Waterloo.

NEWTON

Di Newton rinunciamo a parlare, tanto grande è la bibliografia su questo gigantesco e controverso campione del pensiero scientifico; ma non possiamo esimerci dal suggerire la lettura dei recenti saggi di due studiosi, uno italiano[58] e uno inglese.[59]

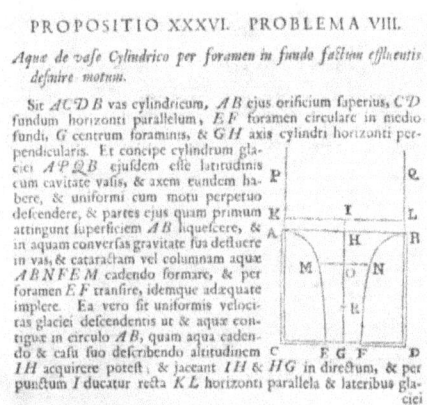

Fig.2. La forma della cateratta. Da *Principia mathematica* di Newton, 1726

---

[58] N. GUICCIARDINI, *Newton*, Roma, Carocci Editore, 2011.
[59] R. HIGGITT, *Recreating Newton: Newtonian Biography and the Making of Nineteenth-Century History of Science*, London, Pickering & Chatto, 2007.

La figura 2, tratta dal Libro Secondo dei «Philosophiae Naturalis Principia Mathematica», illustra la dimostrazione della legge di Torricelli relativa alla velocità di efflusso dell'acqua da un vaso cilindrico attraverso un foro praticato sul fondo. L'acqua scendendo a causa del peso, forma una colonna, (che Newton chiama «cateratta» ABNFEM, il cui diametro passa da quello del vaso AB a quello foro EF. Newton suppone, di più, che l'intera cavità del vaso che circonda la cateratta sia costituita da ghiaccio e che l'acqua scivoli sulle sue pareti come se fosse in un imbuto. Sulla base di questo modello, Newton prova la «Proposizione XXXVI» del Secondo Libro: «Determinare il moto dell'acqua che esce da un vaso cilindrico attraverso un foro cilindrico praticato nel fondo.», cioè che la velocità con cui l'acqua sgorga dal foro EF è la stessa che acquisterebbe cadendo per il dislivello IG. La motivazione viene chiaramente illustrata:

> Una colonna d'acqua che cade per effetto del peso, non può conservare una forma cilindrica; ma deve prendere quella di un iperboloide di rotazione intorno all'asse. E ciò perché la velocità di ogni strato in caduta dev'essere in ragione sudduplicata della distanza percorsa: e la stessa velocità deve anche essere in ragione inversa dell'ampiezza dello strato; non potendo l'acqua formare delle discontinuità nella cateratta. Pertanto i quadrati dei diametri delle sezioni della cateratta saranno proporzionali alla radice della loro altezza, e la curva che la genera sarà un'iperbole.[60]

SÉJOUR

Achille Pierre Dionis du Séjour (Parigi, 1734 - Vernou, 1794) nel 1758 venne eletto membro del parlamento di Parigi e da quell'anno affiancò gli impegni politici con gli studi avanzati di matematica e astronomia che coltivò da grande dilettante. Ciò nonostante i suoi lavori di matematica applicata all'astronomia suscitarono l'apprezzamento dei fondatori della nuova meccanica analitica, come Lagrange, Laplace e Condorcet. Séjour pubblicò a 22 anni un trattato sulle curve algebriche[61] grazie al quale venne eletto membro corrispondente dell'Accademia delle Scienze.

---

[60] I. NEWTON, *Philosophiae Naturalis Principia Mathematica*, Libro Secondo, Proposizione XXXVI, Londra, 1726.
[61] ID., *Traité des courbes algébrique*, Parigi, chez Jombert, 1756.

Il campo di elezione di Dionis du Séjour fu tuttavia l'applicazione dei metodi analitici più avanzati alla risoluzione dei problemi di meccanica celeste. Per un periodo di quasi vent'anni, a partire dal 1764 pubblicò una serie di memorie su eclissi, occultazioni, calcolo di orbite e altri similim problemi che infine raccolse in una sola opera in due volumi,[62] pubblicati nell'immediata prossimità della grande rivoluzione.

Un tema di grande attualità del tempo era la determinazione delle caratteristiche orbitali delle comete, ravvivato anche dal passaggio della cometa di Halley nel 1758, oggetto degli studi di Clairaut. Sulla possibilità che una cometa possa entrare in collisione con la terra, Sejour pubblicò un saggio nel 1775[63] e ne pubblicò un altro sulla periodica scomparsa degli anelli di Saturno l'anno successivo.[64]

Séjour, come discepolo di Clairaut, non poté evitare di essere coinvolto in una celebre polemica, determinata da rivalità matematica, fra quest'ultimo e il grande D'Alembert. In una lettera al «Journal encyclopédique» questi diede un giudizio assolutamente negativo sulle sue capacità matematiche:

> Finisco, Signori, questa lettera già troppo lunga, dichiarando ancora che sono pronto ad affidarmi al giudizio che M. Clairaut sceglierà, sui punti fra noi in contestazione; chiedo solamente che questo giudice motivi la sua decisione e che sia realmente nella condizione di giudicare. Sono spiacente di escludere, come effetto di questa restrizione, due o tre discepoli di M. Clairaut, che si conoscono come per niente versati nelle materie della geometria trascendente [Lalande, Le Roy e Dionis du Séjour][65]

---

[62] ID., *Traité analytique des mouvements apparens des corps célestes*, Deux Tomes, Paris, chez veuve Valade, 1786-89.
[63] ID., *Essai sur les comètes en général; et particulièrement sur celles qui peuvent approacher de l'orbite de la terre*, Paris, chez Valade, 1775.
[64] ID., *Essai sur les phénomènes relatifs aux disparitions périodique de l'anneau de Saturne*, Paris, chez Valade, 1776.
[65] J-B. LE ROND D'ALEMBERT, *Lettre de Mr. d'Alembert à Mrs. les Auteurs du Journal Encyclopédique, servant de résponse à la lettre de Mr. Clairaut, inserée dans le Journal des Savans de Décembre 1761, deuxième volume*, in *Journal Encyclopédique*, janvier 1762, p. 76.

VAN SWINDEN

Jean Henri van Swinden (L'Aia, 1746 - Amsterdam, 1823) fra il 1763 e il 1766 frequentò l'università di Leida dove si laureò con una tesi sul magnetismo.[66]

Divenuto professore a Franeker, continuò presso questa università le sue ricerche di fisica su elettricità e magnetismo. Nel 1775 l'Accademia di Francia aveva posto a concorso un premio per la migliore dissertazione sul tema: «Delle ricerche sul miglior modo di costruire e sospendere gli aghi magnetici e di controllare se sono diretti secondo il piano del meridiano magnetico, cosicché con questi si possa osservare le variazioni diurne della declinazione.» Il premio non venne attribuito e pertanto, raddoppiato, venne riproposto due anni dopo. Nel 1777 il doppio premio venne attribuito a Van Swinden[67] e ad Augustin Coulomb, a quel tempo sconosciuto capitano di artiglieria.

Nel 1780 Van Swinden vinse il premio dell'accademia di Monaco con una dissertazione sul tema delle analogie fra magnetismo ed elettricità.[68]

Nel 1798, l'Instituto di Francia convocò un'assemblea di scienziati allo scopo di esaminare e discutere le operazioni necessarie a stabilire una nuova unità di misura delle lunghezze e un nuovo sistema di unità di misura. In quell'occasione Van Swinden venne delegato a rappresentare la Repubblica di Batavia in tale consesso internazionale di scienziati. In tale occasione ricevette l'incarico di stendere le relazioni conclusive che vennero pubblicate negli atti dell'Istituto.[69]

---

[66] J. H. VAN SWINDEN, *Dissertatio Philosophica inauguralis de attractione, quam, annuente summo numine, ex auctoritate Magnifici Rectoris, Federici Bernardi Albini, pro gradu doctoratus et magisterii, publica ac solemni disquisizioni submittit Joannes Henricus van Swinden*, Lugduni Batavorum, apud Theodorum Haak, 1766.
[67] ID., *Recherches sur les aiguilles aimantées, et sur leurs variations régulières, qui ont partagé le prix proposé pour l'année 1777*, in *Mémoires présentés à l'Académie Royale des sciences*, t. 8, 1777.
[68] ID., *Quelle est l'analogie entre le magnetisme et l'électricité*, Monaco, 1780.
[69] ID., *Rapport fait à l'institut national des sciences et arts, le 29 prairial an 7, au nom de la classe de des sciences mathématiques et physiques, sur la mésure du méridien de France, et les résultats qui ont été déduits par déterminer les bases du nouveau système métrique*, in *Mémoires de l'Institut National des science set arts, Sciences mathématiques et physiques*, tome 2, 1798-99, p. 23 et s.; *Précis des opérations qui ont servi à déterminer les bases du nouveau système métrique, lu à la séance publique de l'insitut le 1er messidor an 7*, in *Journal de Physique, de Chimie et d'Histoire Naturelle, et des arts*, tome 49, Paris, chez Fuchs, messidor an VII, 1799.

www.ingramcontent.com/pod-product-compliance
Lightning Source LLC
Chambersburg PA
CBHW081112180526
45170CB00008B/2815